浙江省全域“无废城市”建设蓝皮书

（2024 年）

BLUE BOOK
ON THE CONSTRUCTION OF

ZERO-WASTE CITY

IN ZHEJIANG PROVINCE

邵卫伟　姜涛　主编

中国环境出版集团 · 北京

图书在版编目（CIP）数据

浙江省全域“无废城市”建设蓝皮书．2024年／邵卫伟，姜涛主编．-- 北京：中国环境出版集团，2025．8．--ISBN 978-7-5111-6362-2

Ⅰ．X705

中国国家版本馆CIP数据核字第20252CS432号

策划编辑 葛　莉
责任编辑 史雯雅
封面设计 彭　杉

出版发行 中国环境出版集团
（100062　北京市东城区广渠门内大街16号）
网　　址：http://www.cesp.com.cn
电子邮箱：bjgl@cesp.com.cn
联系电话：010-67112765（编辑管理部）
010-67112739（第二分社）
发行热线：010-67125803，010-67113405（传真）

印　　刷 北京鑫益晖印刷有限公司
经　　销 各地新华书店
版　　次 2025年8月第1版
印　　次 2025年8月第1次印刷
开　　本 787×1092　1/16
印　　张 10.75
字　　数 200千字
定　　价 86.00元

编委会

THE EDITORIAL BOARD

序

FOREWORD

“无废城市”是一种先进的城市管理理念和发展模式，倡导从源头减量、资源循环利用到末端安全处置的全过程废弃物管理，是为了打破资源浪费与环境污染的恶性循环。在全球资源约束趋紧和环境挑战加剧的时代背景下，“无废城市”建设成为推动可持续发展、构建生态文明的关键战略举措。

作为改革开放前沿阵地，浙江始终以习近平生态文明思想为指引，将“无废城市”建设作为推进生态文明先行示范的重要抓手，在全域范围内展开了一场深刻的绿色变革。2018 年浙江率先响应国家战略部署，2019 年启动绍兴市全国首批试点，开启了全域探索之路；2020 年省级层面出台《浙江省全域“无废城市”建设工作方案》，构建起“省级统筹、市县联动”的推进体系；2022 年进一步细化实施路径，明确到 2025 年实现固体废物减量化、资源化、无害化的发展目标。这一系列举措，让浙江在固体废物综合治理领域取得了耀眼的成绩，标志着浙江在城市治理模式创新上迈出了坚实步伐。

站在绿水青山就是金山银山理念提出 20 周年的历史节点，浙江需要以更高站位谋划“无废城市”建设新篇。浙江应继续将“无废城市”建设作为推动绿色发展、提升城市品质的重要抓手，锚定减污降碳、循环经济、“两重两新”等重点领域，强化政策落实，打造全国乃至全球“无废城市”建设的标杆高地。

本书聚焦于浙江省全域“无废城市”建设的多维度实践与探索，概述其发展历程和主要特点，系统梳理相关政策法规体系的构建与完善路径，详细分析各类废弃物（如工业固体废物、危险废物、生活垃圾、建筑垃圾、农业固体废物等）的管理现状与挑战，并对未来浙江省“无废城市”建设中的关键技术创新、产业发展模式及公众参与机制等方面进行前瞻性研究与展望。本书既是浙江“无废城市”建设发展的重要实践文献，也为新时代美丽中国建设总结了浙江方案。

清华大学环境学院长聘教授、长江学者特聘教授

清华大学循环经济与城市矿产研究团队首席科学家

联合国环境署巴塞尔公约亚太区域中心 / 斯德哥尔摩公约亚太区域中心执行主任

2025 年 3 月

目录

CONTENTS

1 发展现状 / 1

1.1 总体情况 / 2

1.2 发展历程 / 3

1.3 主要特点 / 12

2 建设成效 / 15

2.1 固体废物治理能力逐年提升 / 16

2.2 制度体系逐步完善 / 21

2.3 技术体系日益突破 / 26

2.4 社会共建持续深化 / 42

3 未来展望 / 47

3.1 面临形势 / 48

3.2 下一步工作建议 / 53

4 地方优秀经验 / 59

4.1 杭州市——深化全域“无废城市”建设 强化固体废物综合治理 / 60

4.2 宁波市——精准施策系统治理 奋力打造全域“无废城市”建设样板 / 67

4.3 嘉兴市——实干争先 提质扩面 深化全域“无废城市”建设 / 73

4.4 湖州市——坚持绿色发展 厚植“无废城市”底色 / 78

4.5 绍兴市——全程闭环管控多元综合治理 / 83

5 最佳实践案例 / 89

5.1 南湖区——数字化标准化引领　推动县域“无废城市”建设迸发新动能 / 90

5.2 滨江区——“无废滨江”创新驱动　构建绿色智治样板区 / 94

5.3 新昌县——探索特色路径　打造绿色样板 / 101

5.4 鹿城区——以多元创新引领无废生活新风尚　共筑绿色鹿城“无废”梦 / 107

5.5 吴兴区——构建完备体系　赋能“无废城市”建设 / 114

5.6 海盐县——绿色低碳循环发展　打造“无废城市”海盐样板 / 122

5.7 平湖市——金山多维度一体化推进毗邻区域固体废物协同治理 / 129

5.8 鄞州区——“三个一”深耕生活垃圾智慧收运监管体系 / 132

5.9 海宁市——秸尽所用　点“草”成金　小秸秆绘出新生活 / 135

5.10 奉化区——“海洋伙伴”环保舱助力实现减污降碳与共富渔村示范创新 / 138

5.11 嵊泗县——以养殖浮球整治“小切口”　助力海洋产业共富“大民生” / 142

5.12 嘉兴市——打造环保品牌　探索“无废”之路 / 145

5.13 义乌市——以“两网融合”打造再生资源回收利用体系 / 148

5.14 钱塘区——坚持绿色发展理念　推进“无废校园”建设 / 152

5.15 余姚市——“无废文化”绿色筑底　星星之火启迪未来 / 155

CHAPTER 1

发展现状

党的十八大以来，以习近平同志为核心的党中央把生态文明建设和生态环境保护摆在治国理政的突出位置，对固体废物污染防治工作重视程度前所未有。习近平总书记先后多次作出有关重要指示批示，亲自主持召开会议专题研究部署固体废物进口管理制度改革、生活垃圾分类、塑料污染治理等工作，有力推动了有关改革进程。“无废城市”建设以创新、协调、绿色、开放、共享的新发展理念为引领，持续推进固体废物源头减量和资源化利用，最大限度减少固体废物处置量，将其对环境的影响降至最低，实现绿色低碳的城市发展模式。“无废城市”建设不仅是生态文明建设的重要构成部分，也是减污降碳协同增效的关键领域，更是培育先进城市管理模式和新质生产力的重要体现。

浙江省是全国首个以省政府名义部署开展全域“无废城市”建设的省份，在顶层制度体系建设、关键技术创新、产业模式发展及社会共建模式探索等方面全面推进，取得了显著成效，为全国其他地区提供可借鉴的模式和路径，助力全国“无废城市”建设迈向新高度。

1.1 总体情况

2018年12月，国务院办公厅印发《“无废城市”建设试点工作方案》（国办发〔2018〕128号），探索开展“无废城市”建设。2019年4月，生态环境部公布了全国“11+5”个“无废城市”建设试点，浙江省绍兴市名列其中，为全域“无废城市”建设先行探路。2021年12月，生态环境部等18部门联合印发《“十四五”时期“无废城市”建设工作方案》，稳步推进“无废城市”建设。浙江省委、省政府高度重视“无废城市”建设工作，坚定做到“总书记有号令、党中央有部署、浙江见行动见实效”。2021年5月，时任省委书记袁家军在美丽浙江建设推进大会上强调：要全面建设全域“无废城市”，以全域“无废城市”建设为抓手，持续加强固体废物源头减量化、分类收集、资源化利用和闭环监管；同年11月，省政府召开全域“无废城市”建设现场推进会，再次对深化“无废城市”建设再动员、再部署；2022年7月，在建设新时代美丽浙江推进大会暨生物多样性保护大会上公布了首批通过全域“无废城市”建设评估的名单；同年8月，编制完成《浙江省全域“无废城市”建设实施方案（2022—2025年）》，明确到2025年所有设区市和60%县（市、区）通过“无废城市”建设评估的工作目标，创新发布浙江“无废指数”，综合评价“无废城市”建设进展成效。

2023 年 7 月 25 日，浙江省举行“无废亚运”主题活动，发布《“无废亚运”实施指南》，创新性打造首个“无废”亚运盛会，为大型体育赛事的绿色举办提供浙江样板。2024 年 3 月 30 日，成功举办“国际无废日”主题活动，发布《“无废亚运”评估成果》《浙江省“无废”体育赛事行动指南》《“无废商圈”建设指南》，进一步丰富了“无废城市”建设的实践成果。

多年来，浙江省“无废城市”建设坚持目标引领、问题导向、创新驱动、联治共建，从试点到全域铺开再到提质增效的持续跃升，积累了一系列行之有效的经验与做法，推动工作稳步前行。

1.2 发展历程

总结过往，以不同阶段“无废城市”建设工作方案发布情况为切入点，结合浙江“无废城市”建设整体情况，将浙江“无废城市”建设发展历程分为试点探索、初步推进、全面建设三个主要阶段。

1.2.1 试点探索阶段（2020 年之前）

（1）国家方案发布

21 世纪初，我国经济总量迅速攀升，城市化进程大步迈进。经济高速发展与城市规模扩张使我国固体废物产生量急剧增长，工业固体废物堆积如山、生活垃圾围城、危险废物非法处置等情况时有发生。落后的固体废物管理水平与社会对于良好生态环境及资源有效利用的迫切需求之间的矛盾日益尖锐，环境隐患逐渐凸显。在此形势下，我国开启了固体废物管理工作的探索。2018 年以前，固体废物管理工作虽未明确以“无废”理念为核心，但也在积极开展各类实践。相关部门针对工业固体废物、生活垃圾、危险废物等不同类型的固体废物，制定并执行了一系列管理措施。例如，2007 年 9 月 27 日，《电子废物污染环境防治管理办法》颁布，严格把控收集、运输、贮存、处置等流程，确保环境安全。在工业领域，2016 年 9 月，工业和信息化部印发《建材工业发展规划（2016—2020 年）》，积极推进固体废物智能化分选装备的应用，力求推进生产环节固体废物“近零排放”；在生活垃圾领域，2016 年 12 月，国家发展改革委、住房和城乡建设部发布《“十三五”全国城镇生活垃圾无害化处理设施建设规划》，对生活垃圾处理设施建设、分类、收运体系等多方面提出了明确要求。这些工作为后续“无废城市”建设及相关理念的深入推进奠定了基础，积累了宝贵经验。

2018年12月，国务院办公厅印发《“无废城市”建设试点工作方案》，提出通过“无废城市”建设试点，推动形成绿色发展方式和生活方式，推进固体废物源头减量和资源化利用，最大限度地减少固体废物填埋量，将固体废物对环境的影响降至最低。“无废城市”的概念就此提出，这是对传统城市发展模式的深刻反思与创新，旨在摆脱固体废物围城困境，推动城市可持续发展。“无废城市”并非追求固体废物产生量为零，而是强调在城市经济社会发展的全链条中，实现各类固体废物的减量化、资源化和无害化处理。它涵盖工业、农业、生活等各个领域的固体废物管理，是一个系统性、综合性的城市发展理念。这一理念的提出，为我国固体废物管理工作指明了新方向，也为浙江省“无废城市”建设提供了政策引导和方向。在此背景下，浙江省开始积极探索“无废城市”建设的路径，致力于打造绿色、可持续发展的城市典范。

（2）试点工作启动

随着《“无废城市”建设试点工作方案》的发布，绍兴市借自身优势，成功入选全国首批“无废城市”建设试点市，踏上先行先试的征程。2019年9月，生态环境部组织评审并通过了《绍兴市“无废城市”建设试点实施方案》。该方案提出了构建具有绍兴特色的制度体系、技术体系和市场体系等建设任务，设立了相应的任务清单和责任清单，为绍兴“无废城市”建设指明了方向。绍兴市深刻认识“无废城市”在城市可持续发展中的重要作用，围绕努力构筑优良的创新环境和提供全面细致的创新服务，统筹协调和制定财政、科技、税收、金融、教育、人才等领域政策，营造良好的政策环境。结合绍兴特点设立专项“无废城市”科技研发计划，增强绍兴市在固体废物治理领域的核心竞争力和带头示范作用。建立由政府牵头、以企业为主体、以市场为导向、产学研用深度融合的科技创新平台（图1-1），大力推动科技协同创新和成果转化。围绕“无废城市”建设目标，剖析绍兴市“无废城市”循环经济产业布局的生态构成（图1-2），深化“无废城市”循环经济建设。浙江省在绍兴市“无废城市”试点的基础上不断总结经验，加快形成可复制、可推广的“无废城市”发展模式，在全国范围内推广，为建设循环经济做好整体布局。

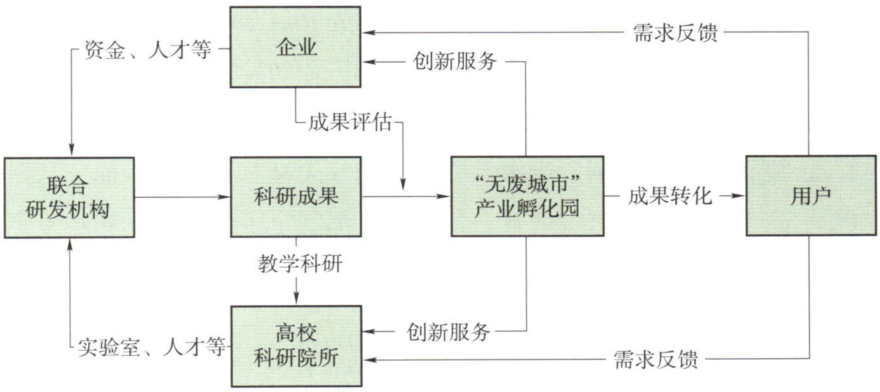

图 1-1　绍兴市“无废城市”产学研用科技创新平台

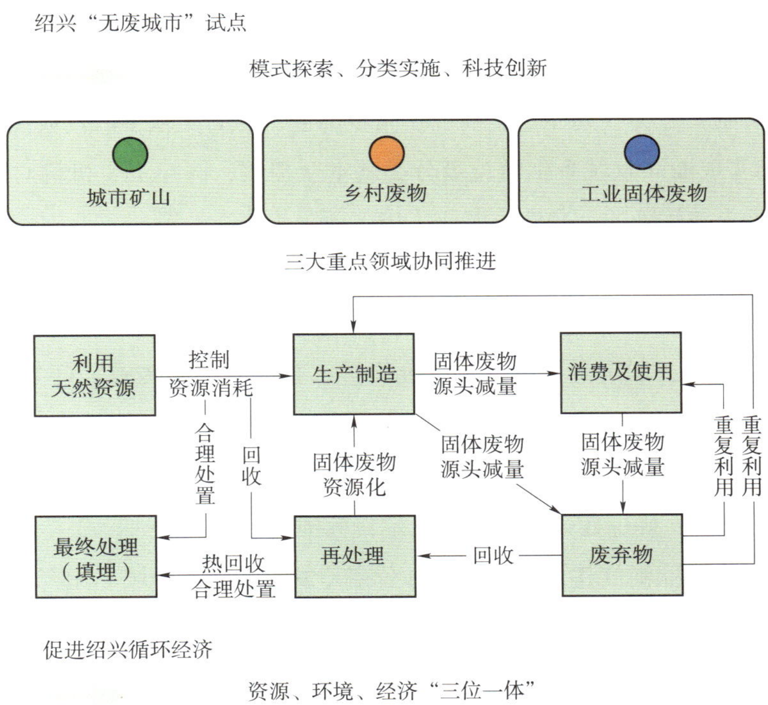

图 1-2　绍兴市“无废城市”循环经济产业布局

1.2.2　初步推进阶段（2020—2023 年）

（1）省级方案发布

2020 年 2 月，浙江省政府办公厅印发《浙江省全域“无废城市”建设工作方案》（浙政办发〔2020〕2号），在全国范围内率先开展全域“无废城市”建设的探索。该方案提出到2023年底，浙江省所有设区市及50%的县（市、区）完成“无废城市”建设，基本实现“产废无增长、资源无浪费、设施无缺口、监管无盲区、保障无缺位、固体废物无倾倒、废水无直排、废气无臭味”八大目标，从固体废物的源头减量、资源化利用到末端处置，各个环节都制定了具体目标和实施步骤，确保建设工作有序推进，为浙江省“无废城市”建设提供了统一的政策依据和行动纲领。

在源头减量方面，工业领域大力鼓励固体废物产生量大的企业自行在厂内开展利用处置，通过提高废水回用比例、强化分质分流处理等手段减少污泥产生，成功建立起一般工业固体废物精准化、专业化、智能化的治理体系，全方位提升固体废物治理水平；农业领域深入推进“肥药两制”改革，降低农业投入品使用量，进而减少农业废弃物产生量；与此同时，逐步推行生活垃圾处理收费制度，构建起与产生量挂钩的差别化收费机制，分类收集体系建设也在同步推进，全面实施生活垃圾强制分类，计划到2022年实现浙江省城乡生活垃圾分类基本全覆盖；医疗卫生机构对医疗废物规范分类，推进未被污染的一次性输液瓶（袋）规范化分类处置。

（2）全域建设推进

2020年，按照《浙江省全域“无废城市”建设工作方案》要求，各市、县（市、区）政府迅速响应，制定具体举措和进度安排，并全面启动实施。自2021年起，浙江省开展全域“无废城市”建设工作综合评估，为达到三星级标准的设区市和县（市、区）颁发“清源杯”（专栏1-1）。通过综合评估检验各地的建设成效，及时发现问题并进行整改，确保建设工作按照既定目标推进。

2022年，省美丽浙江建设领导小组办公室印发《浙江省全域“无废城市”建设实施方案（2022—2025年）》（浙美丽办〔2022〕20号），这是基于前期建设基础，对全域“无废城市”建设工作的进一步深化与拓展（图1-3）。该方案提出到2025年，浙江省所有设区市及60%的县（市、区）通过全域“无废城市”建设评估，固体废物产生强度明显下降，资源化综合利用率水平明显提升，无害化处置得到有效保障，环境风险得到有效防范。该方案在新的建设周期内，以更系统、更全面的举措推动“无废城市”建设迈向新高度。

专栏 1-1　浙江省“无废城市”建设评估

根据省政府办公厅印发的《浙江省全域“无废城市”建设工作方案》，浙江省生态环境厅会同省级相关部门组织开展 2021 年度全域“无废城市”建设评估。2022 年 7 月 8 日，浙江省正式公布通过 2021 年度全域“无废城市”建设评估的名单，并为达到三星级标准的 4 个设区市和 16 个县（市、区）颁发“清源杯”，这是首次公布“无废城市”建设年度综合评估结果。

2021年度全域“无废城市”建设

达到三星级标准市、县（市、区）

湖州市、嘉兴市、绍兴市、金华市

杭州市富阳区
宁波市北仑区、奉化区、宁海县
温州市鹿城区、龙湾区
湖州市吴兴区、长兴县、安吉县
嘉兴市南湖区、海盐县
绍兴市上虞区、新昌县
义乌市
玉环市
云和县

出品 | 浙江日报全媒体经济新闻部
记者 | 胡静漪　　设计 | 张源
来源 | 全省建设新时代美丽浙江推进大会暨生物多样性保护大会

浙江新闻
浙·就是我
I AM ZHEJIANG

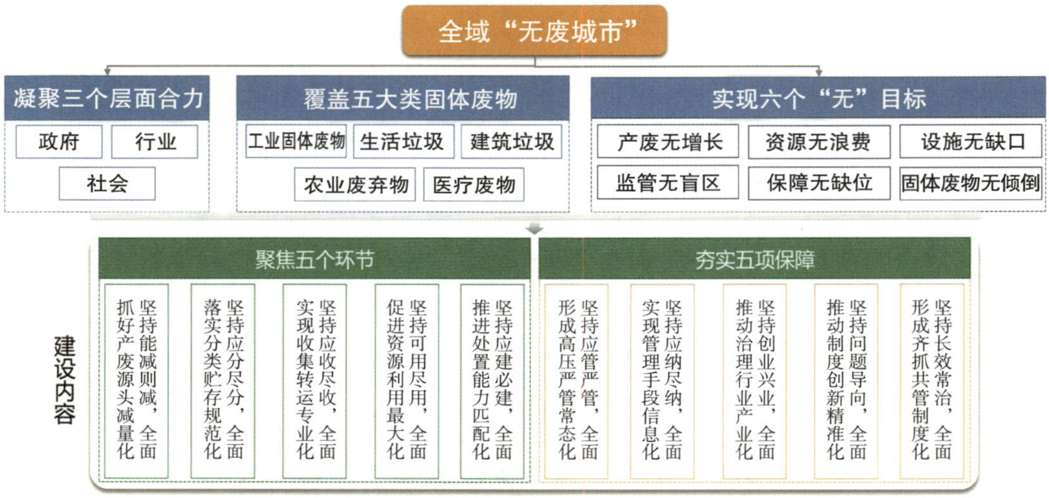

图 1-3　浙江省全域"无废城市"建设路线

（3）建设工作加速

《浙江省全域"无废城市"建设实施方案（2022—2025 年）》印发后，浙江省进一步加大对"无废城市"建设的投入和推进力度，建设工作全面加速，在工业固体废物、危险废物、生活垃圾、建筑垃圾和农业废弃物的污染防治方面取得了显著成效。例如，杭州市积极探索"无废城市细胞"建设模式，2023 年成功打造了 800 余个"无废城市细胞"，涵盖无废学校、无废医院、无废工厂、无废乡村、无废景区等不同类型；金华永康创新性地推行"秸秆换肥"模式，让"生态包袱"变"绿色财富"，有效解决了秸秆处理难题；台州天台构建的 VOCs 治理"绿岛"模式别具一格，通过整合分散的污染治理需求，集中建设污染治理设施，实现"以废治废"；绍兴制定并发布《基层医疗废物数智化建设与管理规范》地方标准，在全国范围内率先提出构建基层医疗废物数智化管理的新模式，为全国医疗废物数智建设提供"绍兴样板"。

浙江省通过推选百优"无废城市细胞"和年度全域"无废城市"最佳实践案例（专栏 1-2、专栏 1-3），充分展示浙江省在"无废城市"建设过程中的积极探索与创新实践，为其他省份乃至全国的"无废城市"建设提供了宝贵的经验借鉴。到 2023 年底，浙江省省、市、县三级全面开展全域"无废城市"建设工作，各项指标基本达到预期目标，浙江省的固体废物产生量得到有效控制，资源化利用水平显著提升，处置能力不断增强。

专栏 1-2 浙江省百优“无废城市细胞”

“无废城市细胞”是固体废物源头减量、资源化利用和无害化处置等工作绩效突出的社会生产生活各类组成单元，是践行“无废城市”建设理念，促进形成资源节约、环境友好生产方式和简约适度、绿色低碳生活方式的重要载体。

省美丽浙江建设领导小组办公室公布2023年度百优“无废城市细胞”名单，包括无废工厂、无废工业园区、无废乡村、无废学校、无废医院、无废景区、无废饭店、无废体育场馆、无废机关、无废岛屿、无废油库、无废社区、无废乡镇、无废实验室、无废加油站、无废码头、无废汽车4S店等十七大类123个“无废城市细胞”入选。

2023年度百优“无废城市细胞”名单

序号	细胞类型	设区市	县（市、区）	细胞名称
1	无废工厂	杭州市	钱塘区	浙江太古可口可乐饮料有限公司
2		杭州市	临平区	杭州宝晶生物股份有限公司
3		杭州市	滨江区	祖名豆制品股份有限公司
4		宁波市	慈溪市	浙江吉利汽车有限公司宁波杭州湾第二分公司
5		宁波市	镇海区	宁波海螺新材料科技有限公司
6		温州市	乐清市	浙江天正电气股份有限公司
7		温州市	瑞安市	浙江科腾精工机械股份有限公司
8		温州市	永嘉县	科技阀门集团有限公司
9		温州市	瓯海区	温州瓯建资源化利用科技有限公司
10		湖州市	长兴县	吉利长兴自动变速器有限公司
11		湖州市	安吉县	恒林家居股份有限公司

……

序号	细胞类型	设区市	县（市、区）	细胞名称
116	无废社区	金华市	婺城区	婺城区三江街道阳光社区
117	无废乡镇	宁波市	奉化区	奉化区大堰镇
118		绍兴市	嵊州市	嵊州市仙岩镇
119	无废实验室	宁波市	高新区	通标标准技术服务有限公司宁波分公司
120	无废加油站	舟山市	岱山县	中国石化销售股份有限公司浙江舟山岱山东海加油站
121		台州市	路桥区	中国石化销售股份有限公司浙江台州石油分公司蓬街加油站
122	无废码头	舟山市	岱山县	岱山县燕窝山客运中心（浙江省岱山交投客运服务有限公司）
123	无废汽车4S店	嘉兴市	海宁市	海宁利星汽车有限公司

专栏1-3　浙江省全域“无废城市”最佳实践案例

为总结提炼和复制推广浙江省全域“无废城市”建设标志性成果，培育打造一批行业、领域“无废”标杆，2023年浙江省生态环境厅会同省级有关部门组织开展全域“无废城市”最佳实践案例评选，经各地推荐、部门遴选和专家评审，“杭州市滨江区：吉利汽车集团‘无废集团’建设”等20个案例当选2023年度全域“无废城市”最佳实践案例。

序号	案例名称	案例类型
1	杭州市滨江区：吉利汽车集团“无废集团”建设	工业固体废物治理
2	宁波市镇海区：40万吨“零”排放，以循环经济理念打开减废降碳新思路	工业固体废物治理
3	嘉兴市平湖市：平湖“金山多维度一体化推进毗邻区域固体废物协同治理	工业固体废物治理
4	绍兴市新昌县：“一件不漏”！新昌县积极打造基层医疗废物收集转运体系健设“全国样板”	医疗废物治理
5	绍兴市越城区：废旧聚酯纺织品化学法循环再生产业化项目	工业固体废物治理、生活垃圾治理
6	嘉兴市嘉善县：创新“数字智慧＋大综合一体化”执法新模式　推进长三角跨区域渣土管理迈上新台阶	建设垃圾治理
7	绍兴市上虞区：“变废为绿”上虞打造建筑垃圾资源化领域行业标杆	建设垃圾治理
8	杭州市富阳区：低价值废弃物再生利用的“富伦模式”	生活垃圾治理
9	湖州市：在全国率先试点生活垃圾“按桶收费”向“计重收费”转变	生活垃圾治理
10	宁波市鄞州区：“三个一”深耕生活垃圾智慧收运监管体系取得新成效	生活垃圾治理
11	嘉兴市海宁市：构建全省首个县域秸秆“全域　全量　全链条”离田利用体系	农业固体废物治理
12	丽水市景宁县：宣贯“无废城市”理念创建低零碳乡镇，大漈乡打造茭白全生命周期绘就绿色发展蓝图	农业固体废物治理
13	宁波市奉化区：“海洋伙伴”环保舱助力实现减污降碳与共富渔村示范创新	塑料污染治理
14	湖州市安吉县：“以竹代塑”助力“无废城市”创建案例	塑料污染治理
15	舟山市嵊泗县：以养殖浮球整治“小切口”助力海洋产业共富“大民生”	塑料污染治理
16	嘉兴市：以“嘉家收”品牌示范，系统性重塑再生资源回收利用体系	再生资源回收利用
17	金华市义乌市：义乌市环境集团以“两网融合”打造再生资源回收利用体系	再生资源回收利用
18	杭州市钱塘区：杭州电子科技大学“无废高校”建设	社会共建
19	宁波市余姚市：余姚市东风小学，“无废”理念教育典范	社会共建
20	温州市鹿城区：温州市“无废生活”精品体验带建设	社会共建

1.2.3 全面建设阶段（2023 年之后）

2023 年之后，浙江省步入“无废城市”全面建设阶段，进一步巩固和提升建设成果。在数字赋能方面，持续迭代固体废物全过程闭环管控、“天眼清废”等功能模块，完成省、市、县三级“无废城市”整体智治数字化应用建设；在源头把控方面，继续推进工厂企业的绿色转型，强化垃圾源头治理。随着“无废城市”建设的深入推进，逐渐呈现出从“无废城市细胞”到“无废集团”“无废商业街区（商圈）”的发展趋势（专栏 1-4）。“无废城市细胞”作为城市的微观单元，如社区、学校、企业等，通过各自践行“无废”理念，从细微处减少废弃物产生，进而汇聚成推动“无废城市”发展的强大合力。而“无废集团”则是在产业集聚与协同发展的基础上，以大型企业集团为核心，整合上下游产业链，构建更加完善的废弃物循环利用体系。在此趋势下，浙江省不断探索新的建设模式和技术，将“无废城市”建设的经验向其他地区推广，为“无废城市”建设提供了新的思路和方法。

专栏 1-4 浙江省“无废集团”“无废商业街区（商圈）”打造

从“无废城市”到“无废城市细胞”，“固体废物减量化、资源化、无害化”的理念已经推广多年。2025 年，浙江将打造“无废集团”和“无废商业街区（商圈）”，通过产业链带动扩大“无废”影响力。

2024 年，省美丽浙江建设领导小组办公室发布《浙江省“无废集团”建设工作方案（试行）》和《浙江省“无废商业街区（商圈）”建设工作方案（试行）》，计划到 2025 年，培育 50 家以上“无废集团”和 50 个以上“无废商业街区（商圈）”，推动减废和再利用水平的全面提升。两者均为该领域全国首个省级层面的方案。

2022 年 4 月，中国石油化工集团在全国率先开展“无废集团”建设试点工作，随后浙江的桐昆集团、镇海炼化、华友钴业等大型企业陆续跟进。“无废集团”建设主要面向制造、建筑、商贸餐饮、文化旅游、物流等行业龙头。2022 年，浙江省曾在百强民营企业中开展摸排，有 40 多家集团有意向开展“无废集团”建设。

中国石油化工集团现场图

1.3 主要特点

多年来在生态环境部的指导和浙江省委、省政府的领导下，浙江省上下同心协力，全域“无废城市”建设迈出坚实步伐，取得了多方面的显著成效，呈现出以下特点。

1.3.1 顶层设计：规划科学与体系完备

率先将推进全域“无废城市”建设纳入地方性法规，构建了涵盖多层级的政策文件体系，为浙江省“无废城市”建设提供了坚实的法规和政策支撑。同时，成立省、市、县三级工作专班，明确职责分工，形成条块结合、协同高效的工作格局。通过建立“会商、调度、督导”等工作体系，以每季度发布的“无废指数”为导向，强化考核评估，促使各地精准施策、靶向发力。

1.3.2 源头减量：循环改造与多元推进

在工业领域，积极开展绿色工厂和园区创建，推动循环化改造，降低工业固体废物产生强度。在农业领域，深入实施“肥药两制”改革，设立全生物降解地膜应用示范点，完善农资回收模式，减少农业废弃物产生。在生活领域，开展外卖“零废弃”试点，推广“以竹代塑”，加强快递包装治理，推进垃圾分类示范创建，引导公众践行绿色生活方式，从源头减少垃圾产生。

1.3.3 资源利用：全域覆盖与效能提升

构建了工业固体废物、生活垃圾、农业废弃物等多领域全方位的资源回收利用网络，覆盖收集、运输、处置各环节，推动固体废物资源化利用。小微收运平台实现县级全覆盖，保障危险废物的妥善处置。完善报废汽车回收拆解管理规范，农业废弃物回收率不断提高，有效减少环境污染。生活垃圾及再生资源回收模式多样，建筑垃圾综合利用率显著提升。

1.3.4 数字赋能：智慧监管与创新应用

聚焦数字化赋能，实现管理的精准高效。通过对“天眼清废”应用的迭代升级，借助卫星遥感技术，对固体废物非法露天堆放问题实施排查整改的闭环管理。上线“无废城市在线”数字化综合应用平台，打通多部门数据壁垒，实现省、市、县全域数据贯通。各地积极创新，丰富应用场景，如“无废亚运”场景、“铅蛋”应用等，实现对固体废物的精细化、智能化管理。

1.3.5 公众参与：广泛传播与全面引导

积极营造浓厚的社会共治氛围，凝聚各方力量参与“无废城市”建设。举办“国际无废日”主题活动等，广泛传播“无废”理念，提升公众环保意识和参与积极性。遴选“无废集团”重点培育对象，引导企业将“无废”理念融入生产经营全过程。发挥社会组织作用，引导志愿者参与垃圾分类宣传、环境监督等活动。形成政府、企业、社会组织和公众共同参与、协同治理的良好局面。

CHAPTER 2

建设成效

“十三五”时期以来，浙江省以习近平生态文明思想为指导，深入践行绿水青山就是金山银山理念，在全国率先开展全域“无废城市”建设，统筹推进工业固体废物、生活垃圾、建筑垃圾和农业废弃物的污染防治，固体废物治理体系和能力稳步提升。

2.1 固体废物治理能力逐年提升

2.1.1 构建工业固体废物全过程监管体系

近年来，浙江省致力于加快构建一般工业固体废物从产生、贮存、转运到利用处置的全过程监管体系，工业固体废物治理能力稳步提升。根据环境统计数据，2020—2024 年浙江省一般工业固体废物产生量从 4 590.5 万 t 增加到 5 939.7 万 t；综合利用量从 4 566.8 万 t 增加到 5 922.5 万 t；综合利用率从 98.7% 提高到 99.6%，稳居全国前两位（图 2-1）。一般工业固体废物产生量排名前三的城市依次为宁波市、杭州市和嘉兴市。就一般工业固体废物的具体处理情况而言，粉煤灰、炉渣、脱硫石膏、冶炼废渣等大宗工业固体废物，主要由工业企业进行利用，应用于水泥生产、轻质砖制造、工程填方等，不需要专门建设处置设施。与生活垃圾性状相接近的工业固体废物，包括服装边角料等一般通过生活垃圾焚烧设施统一处置。而工业污泥需要专门建设利用处置设施，目前，浙江省工业污泥每年处置能力相较于每年产生量，总处置能力比较充足，各市污泥处置能力基本平衡。

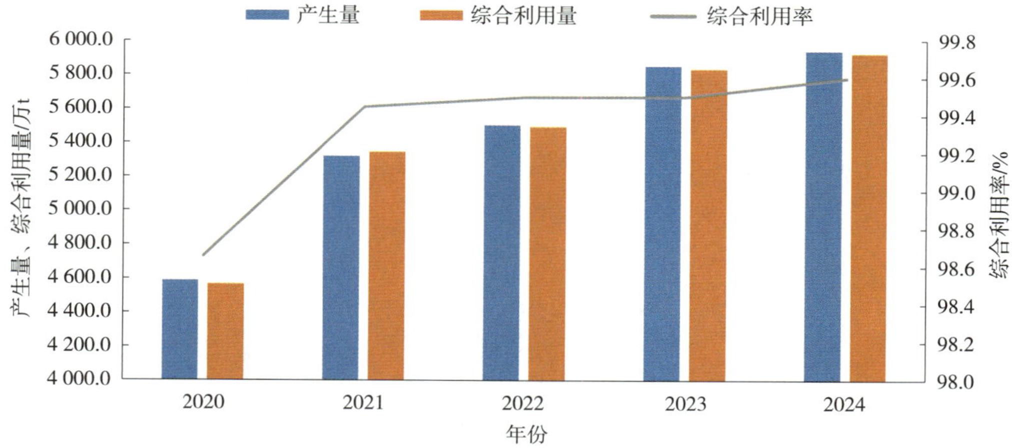

图 2-1 浙江省一般工业固体废物产生量、综合利用情况

2.1.2 生活垃圾分类处理工作逐步升级

为了充分挖掘生活垃圾分类“绿色潜能”，浙江省从多个维度发力，全面推进生活垃圾分类工作。首先，对垃圾分类投放设施进行优化升级，着力提高垃圾分类的整体质量。通过科学布局、合理配置，让居民投放垃圾更加便捷、高效。其次，进一步完善垃圾分类清运体系，2024 年新增和更新分类运输车辆 255 辆，分类运输车辆累计 1 万余辆，保障了垃圾的及时、规范运输。最后，在末端处理环节，加速提升生活垃圾末端处理能力，2024 年完成 213 座老旧中转站改造提升，累计完成 1 403 座，完成率达 88%。2024 年新增垃圾处理设施 3 座，累计建成焚烧和易腐垃圾处理设施 144 座（其中焚烧垃圾处理设施 77 座、易腐垃圾处理设施 67 座），总处理能力达到 10.14 万 t/d（其中焚烧垃圾处理设施能力为 8.64 万 t/d、易腐垃圾处理设施能力为 1.50 万 t/d），处置能力基本满足生活垃圾处置需求。此外，积极构建垃圾分类志愿服务机制，加强多层次、全方位的宣传引导工作，通过多种渠道和形式，提高居民对垃圾分类的认知度和参与度。一系列举措取得了显著成效，2020—2024 年，生活垃圾产生量相对稳定，维持在 2 000 万～2 500 万 t；2024 年生活源再生资源回收量达 445.7 万 t，较 2023 年同比增长 5.03%，生活垃圾分类处理率为 86.3%，持续巩固“零增长”成果（图 2-2）。

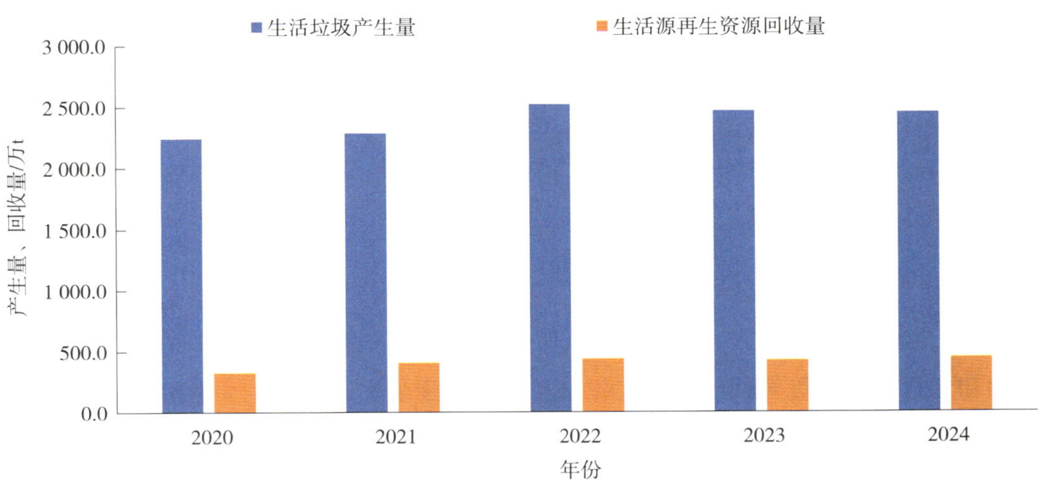

图 2-2　浙江省生活垃圾产生及回收情况

2.1.3 建筑垃圾消纳与利用设施全面布局

在建筑垃圾领域，全力推动建筑垃圾资源化利用设施建设，取得了显著成效。

2024 年，浙江省纵深推进建筑垃圾产消平衡，建筑垃圾年综合利用能力约 4.3 亿 t，基本实现产消平衡。全省拥有建筑垃圾转运调配、资源化利用、填埋（堆填）处置等消纳场所 720 余个，资源化利用企业 360 余家，土方平衡、环境治理、路基填垫等直接利用场所 4 000 多处。从建筑垃圾产生量来看，浙江省建筑垃圾产生量从 2022 年的 38 413.8 万 t 降至 2024 年的 37 811.0 万 t，呈明显下降趋势。在建筑垃圾综合利用方面，2022 年建筑垃圾综合利用量为 35 590.5 万 t，2024 年为 37 145.9 万 t，建筑垃圾综合利用率从 2022 年的 93.1% 提升至 2024 年的 98.3%（图 2-3），充分体现了浙江省在建筑垃圾资源化利用工作上的高效推进。

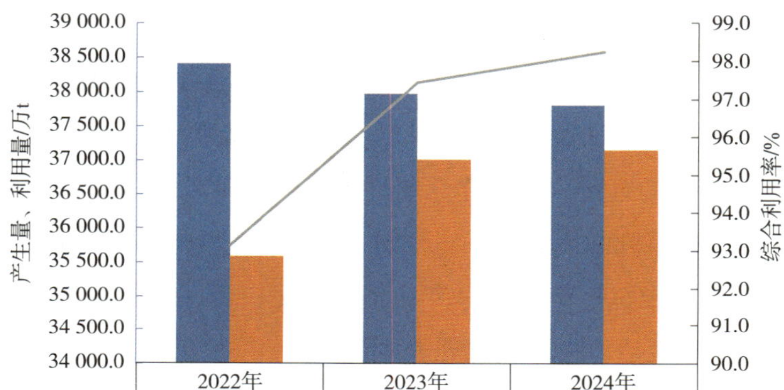

	2022年	2023年	2024年
产生量/万t	38 413.8	37 979.6	37 811.0
综合利用量/万t	35 590.5	37 012.0	37 145.9
综合利用率/%	92.7	97.5	98.2

图 2-3　浙江省建筑垃圾处置能力变化趋势图

2.1.4　农业废弃物全流程推进多领域突破

浙江省认真贯彻全域“无废城市”建设部署，积极推进农作物秸秆、农药包装废弃物和农村生活垃圾等回收处理工作，目前，已逐步构建起“全面管理、源头减量、分类回收、循环利用、无害处置”的农业农村废弃物回收处理体系，涵盖了农业废弃物从产生到最终处理的全流程，实现资源的最大化利用和环境影响的最小化。在秸秆综合利用方面，“秸秆综合利用专班”堵疏结合，全力以赴抓实抓细秸秆综合利用工作，近年来，秸秆可收集资源量基本保持在 600 万 t 以上。秸秆综合利用量变化与可收集资源量变化的趋势类似，而秸秆综合利用率逐年提升，从 2020 年的 96.35% 增加至 2024 年的 97.8%（图 2-4），2024 年推广配方肥 51.5 万 t，统防统治社会化服务率达到 46.5%，化肥农药用量实现“10 连降”。

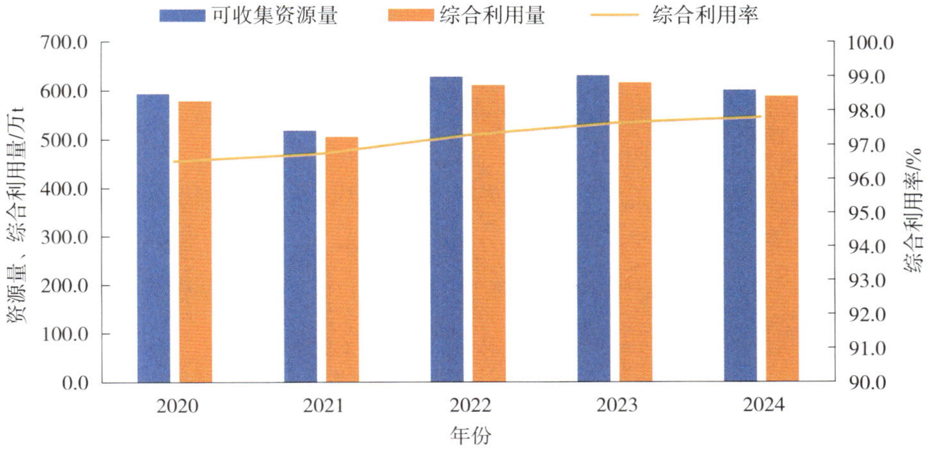

图 2-4 浙江省秸秆综合利用情况变化趋势

规模养殖场粪污治理实施“一场一策”管理，大力推进“六化”标准养殖场建设，新建的万头以上猪场大部分实现截污纳管，建成运行“53 个处理中心 +6 台移动应急处理车”的病死动物集中处理全覆盖体系，2024 年浙江省畜禽粪污资源化利用和无害化处理率达 94%。

废弃农药包装物按照危险废物进行回收，依托农资经营网络建成由 101 个归集中心、6 000 余个回收点组成的农药瓶专收专处体系，已建设通过环评的废弃农药包装物收储点 19 个，2020—2024 年，每年废弃农药包装物回收量达 3 000 余吨（图 2-5），回收率稳定在 90% 以上。

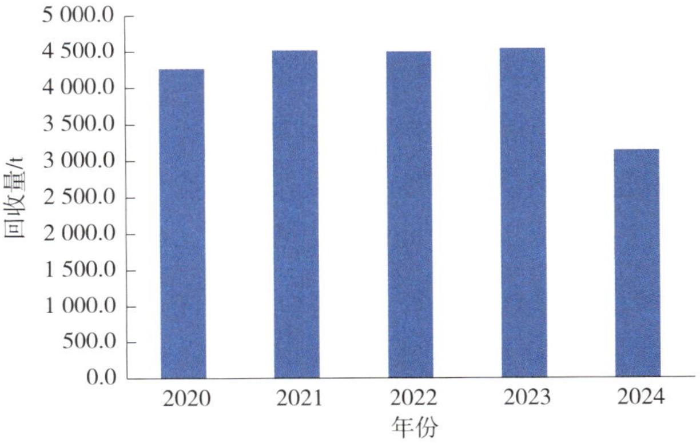

图 2-5 2020—2024 年浙江省废弃农药包装物回收量

废旧地膜按照固体废物进行回收，纳入农村生活垃圾分类收集处理体系，浙江省农村生活垃圾分类处理实现行政村 100% 全覆盖。各类废旧农膜总用量从 2020 年的 6.13 万 t 下降到 2024 年的 5.93 万 t，废旧农膜回收率稳定在 90% 以上（图 2-6）。

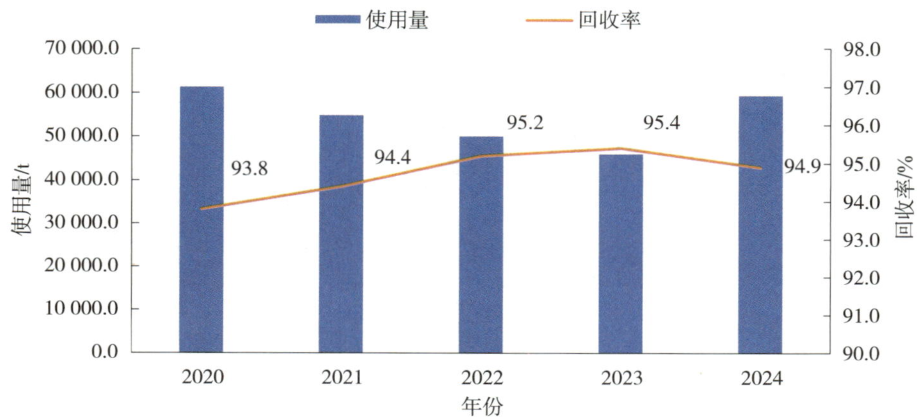

图 2-6　2020—2024 年浙江省废旧农膜使用和回收处置情况

2.1.5　深化危险废物闭环监管改革提升能力

深入推进危险废物"趋零填埋"三年攻坚行动，深化危险废物闭环监管"一件事"改革，全力推进危险废物利用处置能力建设，出台危险废物集中处置设施建设规划，并将危险废物利用处置能力建设纳入美丽浙江建设年度考核强力推动。在全国率先建成全域覆盖的小微产废企业危险废物集中统一收集体系，截至 2024 年，浙江省共建成危险废物小微收运平台 118 个，惠及小微企业超 7.6 万家；浙江省 2022—2024 年工业危险废物产生量（含综合利用往年贮存量）从 709.4 万 t 逐年上升至 784.6 万 t，产生量呈上升趋势；综合利用量从 2022 年的 489.5 万 t 上升至 2024 年的 569.7 万 t；危险废物综合利用率从 2022 年的 69.0% 提升到 2024 年的 72.6%（表 2-1）。数据反映出浙江省工业危险废物虽然产生量逐年增加，但综合利用的规模和效率也在同步提升，工业危险废物资源化与环境治理方面取得了一定成效，并形成了焚烧、填埋、协同处置、综合利用等多措并举的综合处理体系，各设区市主要种类危险废物实现产处平衡。一批焚烧飞灰、废盐等综合利用项目进入建设阶段，浙江省危险废物填埋比从 2021 年的 16.1% 降至 2023 年的 11.03%，顺利完成 2023 年度 14.5% 的目标，杭州市、嘉兴市和衢州市实现"趋零填埋"目标。

表 2-1　浙江省工业危险废物产生处置情况

年份	产生量 / 万 t	综合利用量 / 万 t	综合利用率 /%
2022	709.4	489.5	69.0
2023	759.8	541.4	71.3
2024	784.6	569.7	72.6

2.2　制度体系逐步完善

浙江把“无废城市”建设主动融入高质量发展建设共同富裕示范区大局，建立政府、部门、企业、公众四方协同的“无废城市”建设的推进机制，构建凝心聚力、协同发力的工作格局。

2.2.1　规划先行

浙江省生态环境厅等相关部门牵头成立全域“无废城市”建设工作领导小组，由分管副省长为组长、19 个部门组成省级工作专班。明确“目标、任务、项目、责任”四张清单，将全域“无废城市”建设纳入美丽浙江建设和深入打好污染防治攻坚战目标考核内容，为“无废城市”建设提供方向指引。同时印发了一系列配套文件，对固体废物防治和处理设施建设进行系统布局。2023 年 3 月 1 日浙江省生态环境厅、浙江省发展改革委、浙江省经济和信息化厅联合发布《浙江省工业固体废物污染环境防治规划（2022—2025 年）》（浙环发〔2023〕8 号），聚焦工业固体废物领域，明确了防治目标与路径；2023 年 12 月，省生态环境厅、省发展改革委联合印发的《浙江省危险废物集中处置设施建设规划（2023—2030 年）》（浙环发〔2023〕46 号）则着眼于危险废物，对未来数年的集中处置设施建设作出长远规划，引导“无废城市”建设有条不紊地开展。2024 年，启动浙江省全域“无废城市”建设“十五五”规划前期研究课题，全面梳理当前浙江省在“无废城市”建设中已取得的成果，为“十五五”期间设定合理且具有前瞻性的建设方向与目标提供依据。

市级层面则根据省级方案和要求，结合本地实际制定具体实施方案和年度计划，明确各部门职责和任务分工，确保各项建设任务有序推进。如杭州市印发《杭州市全域“无废城市”建设工作方案》《杭州市“无废城市”建设实施方案》《杭州市深化全域“无废城市”建设工作方案》等系列文件，明确建设目标与方向，细化建设任务。县（市、区）层面负责具体组织实施，将任务细化分解到乡镇（街道）和相关部门，落实到具体项目和企业。

2.2.2 管理创新

浙江省积极探索创新模式，在标准化建设进程中，出台涵盖园区、工厂、学校等22类“无废城市细胞”建设评估管理规程和指南，为各类主体参与“无废城市”建设提供明确的标准与规范。通过这些标准化的建设要求，不同类型的“无废城市细胞”能够在统一的框架下开展建设工作，保证建设质量与效果。在典型示范带动模式中，以点带面，累计建设1.4万个“无废城市细胞”，并评选出246个百优“无废城市细胞”以及37个典型实践案例。同时，率先制定《浙江省“无废集团”建设工作方案（试行）》《浙江省“无废商业街区（商圈）”建设工作方案（试行）》，遴选31家集团、20个商业街区（商圈）进行重点培育。这些典型在各自领域发挥示范引领作用，带动更多主体参与到“无废城市”建设中，拓展了建设的广度与深度。

在区域建设拓展方面，积极推进长三角“无废城市”共建共享，牵头制定《长三角绿色一体化示范区无废乡村建设指南》，协同制定《沪浙皖地区危险废物跨省利用豁免管理的实施方案（试行）》。通过区域间的协同合作，打破行政区域壁垒，实现资源共享、优势互补，提升了区域整体的“无废城市”建设水平，为更大范围的区域协同“无废城市”建设提供了经验借鉴。

2.2.3 政策支撑

（1）浙江“无废城市”省级政策发布情况

自“无废城市”建设工作开展以来，浙江省在法规和政策方案等方面积极推进相关工作，为“无废城市”建设提供全面支持。

在法规保障方面，浙江省修订《浙江省固体废物污染环境防治条例》（浙环发〔2022〕22号），在全国率先将“推进全域无废城市建设”纳入地方性法规。这一举措意义重大，为“无废城市”建设奠定了坚实的法律基石，明确了各主体在固体废物管理、处理等环节的责任与义务，规范了相关行为，让“无废城市”建设有法可依、有章可循。

在政策方案方面，自2020年浙江省人民政府办公厅印发《浙江省全域“无废城市”建设工作方案》(浙政办发〔2020〕2号)以来，涉五大固体废物类政策数量开始增加，在工业、危险废物、农业农村等多个领域协同发力。如工业领域先后发布了《浙江省工业固体废物专项整治行动方案》(浙环函〔2019〕21号)、《浙江省工业固体废物电子转移联单管理办法(试行)》(浙环发〔2023〕28号)等政策文件，从专项整治到电子转移联单管理，全面加强工业固体废物管理，推动工业绿色发展。在危险废物领域，政策发布更为密集，涵盖审批承接、跨省转移、收运体系建设、“趋零填埋”攻坚等多个关键环节。如《浙江省环境保护厅关于做好委托危险废物经营许可证审批承接工作的通知》(浙环函〔2017〕466号)规范审批承接流程;《浙江省危险废物“趋零填埋”三年攻坚行动方案》(浙环函〔2022〕243号)明确攻坚目标，减少危险废物填埋量。此外，浙江省生态环境厅还发布了《关于进一步规范固体废物跨省转移备案工作的通知》(浙环函〔2020〕298号)、《关于开展危险废物跨省转移“白名单”企业遴选和动态管理工作的通知》(浙环函〔2022〕168号)、《关于危险废物跨省转移就近原则有关问题的复函》(环办固体函〔2023〕322号)、《长江三角洲区域固废危废利用处置“白名单”和“黑名单”制定规则及运行机制(试行)》等政策文件，加强区域协同监管。在农业农村领域，浙江省农业农村厅发布《关于做好2021年农药包装废弃物回收工作的通知》(浙农专发〔2021〕24号)等政策文件，从废弃农药包装物回收等方面入手，减少农业面源污染，助力农村环境改善。

通过法规和政策方案的全方位推进，为“无废城市”建设提供了强有力的支持，形成了多维度、多层次的制度保障体系，推动“无废城市”建设稳步前行。

(2)市级政策和县级政策发布情况

在省级部门的引领下，各地积极响应“无废城市”建设号召，将其视为推进生态文明建设的关键抓手，因地制宜，纷纷出台政策方案，全力以赴投身于全域“无废城市”建设之中。经调查统计，截至2023年底，浙江各设区市(含县级)围绕工业固体废物、生活垃圾、建筑垃圾、农业废弃物、危险废物这五大固体废物类别，累计发布了400余项相关政策、方案(图2-7)。从政策发布数量来看，杭州市、温州市、嘉兴市、金华市表现较突出，发布政策均超过50项，这些设区市紧密结合自身特色，深入开展相关政策方案的研究与制定工作。

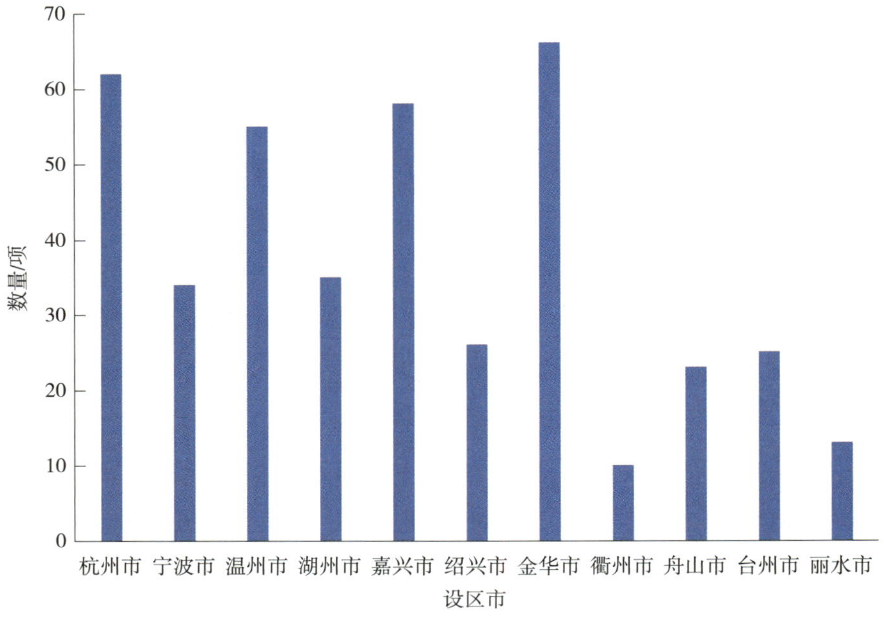

图 2-7　浙江省各设区市“无废城市”相关政策方案发布数量

如嘉兴市在再生资源利用方面优势明显，为进一步挖掘资源潜力，提升资源利用效率，2023 年印发《嘉兴市本级再生资源回收体系建设三年行动方案（2023—2025 年）》。围绕再生资源回收网络建设、回收企业规范管理、回收技术创新等方面展开工作，计划在三年内构建布局合理、功能完善、管理规范的再生资源回收体系，促进资源的循环利用，降低固体废物产生量，推动嘉兴市“无废城市”建设在资源利用领域取得新突破。

温州市则从强化考核监督入手，2023 年 7 月市“无废办”（“无废城市”建设工作领导小组办公室的简称）印发《关于印发 2023 年度温州市全域“无废城市”建设工作考核办法的通知》，通过明确考核指标、考核方式与奖惩机制，将“无废城市”建设工作纳入各级政府及相关部门的绩效考核体系，督促各责任主体切实履行职责，加快推进各项建设任务，确保温州“无废城市”建设工作高效落实，取得实效。

这些政策方案的出台，充分体现了浙江各设区市在“无废城市”建设中的积极探索与创新实践，为浙江省全域“无废城市”建设提供了有力支撑。

2.2.4　财税赋能

在各级政府的指导支持下，制定完善“无废城市”建设各领域市场准入标准和运营规范。通过政策引导、资金扶持等方式，鼓励创新主体加强固体废物研发技术创新，提升市场竞争力。搭建企业交流合作平台，促进先进经验与信息技术共享，推动行业整体发展，助力“无废城市”建设市场监督向成熟化、高效化迈进。

2021—2024年，省财政厅安排省生态环境保护专项资金41.27亿元，统筹用于支持“无废城市”建设、污染物减排等工作；累计争取中央生态环境资金52.06亿元，围绕污染防治重点任务，找准水、大气、土壤、固体废物污染治理存在的突出问题，支持打赢碧水、蓝天、净土、清废、治塑保卫战和新要素、新领域污染治理防御战，支持城乡环境综合整治和风貌提升；统筹省住房与城市建设专项资金27.47亿元，支持城镇生活垃圾分类和污水处理基础设施等建设。安排省级财政资金1.5亿元，支持实施农药实名制、化肥定额制“肥药两制”改革试点项目，聚焦农业污染综合防治和生产方式绿色转型，高水平推进农业绿色发展；安排省级财政资金3.5亿元，支持商品有机肥和配方肥推广应用，减少化肥施用量，提高耕地土壤肥力、农产品品质和质量安全水平，促进绿色农业高质量发展；安排省级以上财政资金0.72亿元，支持余杭等地区开展秸秆离田利用和收储中心建设，以及农作物秸秆肥料化、资源化利用示范项目建设等，健全完善收储运体系，提升农作物秸秆综合利用水平，促进农业绿色低碳发展。

税务部门积极发挥税收政策的调节作用，全力支持“无废城市”建设。一方面，加强税收优惠支持，确保各项针对固体废物处置、资源综合利用等环境保护领域的税收优惠政策精准落实到位，让相关企业切实享受到政策红利，降低企业运营成本，提高企业参与“无废城市”建设的积极性。另一方面，积极推动国家层面加大对这些领域的税收扶持力度，从宏观政策层面为“无废城市”建设营造更有利的税收环境。同时，强化对固体废物环境保护税的征收管理，提升减免税享受的便捷化、智能化水平，既保障税收政策的有效执行，又为企业提供便利，加快相关产业的转型升级，推动绿色发展。

在绿色金融领域，强化政府宏观经济调控，积极创新绿色金融服务产品。省内多家银行积极响应“无废城市”建设需求，针对重点项目提供优惠信贷支持。如嘉兴市的厨余垃圾资源化利用项目，获得年化利率低至3%～4%、贷款期限长达10～15年的优惠贷款，极大地缓解了项目长期资金压力。对于杭州等地从事废旧电子电器回收拆解再利用的循环经济企业，银行根据企业处理量和资源回收率给予不同额度贷款，最高可达数千万元，有力支持了循环经济企业的发展。如桐乡农村商业银行建立绿色信贷重点项目库，对绿色农业开发项目、资源循环利用项目等20余类绿色项目强化信贷支持，为绿色产业发展提供资金助力。在绿色债券方面，绍兴市发行用于建设绿色环保产业园区的专项债券，募集资金专门用于园区内固体废物处理设施建设、环保技术研发中心建设等。在固体废物处理责任保险方面，在温州等地开展试点工作，对固体废物处理企业操作不当、意外事故等导致的环境污染、第三方人身财产损失等风险进行承保，为企业运营保驾护航。

浙江省充分发挥有效市场和有为政府的作用，鼓励各类市场主体参与“无废城市”建设。坚持以政府为主导、企业为主体，利用固体废物利用处置高度市场化的优势，构建国有企业担当兜底、社会资本有序参与市场化竞争的固体废物收集、运输、利用和处置的能力建设体系。

2.3 技术体系日益突破

浙江省统筹五大类固体废物综合治理，不断拓宽固体废物源头减量、资源化利用和无害化处置的路子，大力推行垃圾分类、趋零填埋、定向利用、限塑代塑等做法。2021年4月征集了第一批全域“无废城市”建设先进适用技术，以此为契机建立健全全域“无废城市”建设创新推广机制，加大“无废城市”建设领域关键核心技术攻关和科研投入力度。后续建设发展中，重点支持绿色低碳的飞灰减量、固体废物协同利用、退役光伏锂电池设备再生、新污染物处置等领域关键核心技术创新，提升固体废物资源化和安全处置的技术能力，推动实现“创新、协调、绿色、开放、共享”发展。

2.3.1 固体废物处理技术革新

（1）无害化处理技术革新

2021年4月，浙江省全域“无废城市”建设专班办公室面向全省公开征集“无废城市”建设先进适用技术，推出若干效果显著、方法创新、可复制、可推广的技术和模式，为各地“无废城市”建设提供参考。以医疗机构医疗废物处理为例，“摩擦热”（FHT）就地化无害化处理技术堪称一大创新亮点。传统医疗废物处理方式存在诸多弊端，如转运过程易造成污染扩散等。而FHT技术巧妙利用干热－湿热综合作用原理，在密闭消毒容器内，特制合金刀片叶轮高速运转，通过撞击与摩擦将医疗废物充分粉碎研磨。值得一提的是，这一过程中机械能会转化为热能，实现废物360°无死角均匀受热，使致病微生物的蛋白质变性凝固，进而达到消毒目的。相较于传统处理方式，它不仅能在医疗机构就地完成处理，大大降低了转运风险，还提升了处理效率，具有极高的示范推广价值，为保障医疗环境安全提供了有力支撑。

在垃圾焚烧烟气处理领域，垃圾焚烧烟气超低排放应用技术带来了革命性突破。以往垃圾焚烧产生的烟气中含有大量粉尘、酸性气体、重金属及二噁英等污染物，对大气环境和人体健康危害极大。如今的超低排放应用技术整合了选择性非催化还原（SNCR）、半干法脱酸、干法脱酸、活性炭吸附、布袋除尘、选择性催化还原（SCR）、湿法脱酸、烟气加热系统（GGH）以及烟气脱白等一系列复杂且先进的工艺。其中，SCR、湿法脱酸、GGH、烟气脱白等工艺更是国内首创。这些工艺协同作战，能够高效去除各类污染物，使排放达到超低标准。以杭州某项目为例，其凭借大规模建设、高水平环保工艺及严苛的排放标准，成为行业标杆，为改善大气环境质量发挥了重要作用。

（2）危险废物综合利用技术与装备

在危险废物监管和利用处置能力方面，浙江省积极推进改革，全面开展危险废物“趋零填埋”三年攻坚行动，推动资源的高效利用和环境的可持续发展，并取得了显著成果。浙江省危险废物填埋比持续下降，杭州市、嘉兴市和衢州市实现填埋比5%以下的“趋零填埋”目标，为浙江省乃至全国危险废物处理提供了优秀范例。

在具体的危险废物处理技术革新上，含铜多金属危险废物综合利用技术与装备入选“无废城市”先进适用技术。该技术针对含水60%～80%的污泥，首先通过回转烘干窑将其烘干至含水50%左右的烘干泥。其次，烘干泥与含水40%～60%的污泥一同被投入逆流焙烧炉，在此过程中产出焙烧块与焙烧末。其中，焙烧末与熔炼烟尘、一般固体废物粉料会被制砖机制成砖块。最后，砖块、焙烧块、熔剂及燃料（一般为残极块）按照一定配比投入熔炼炉。在1 300℃的高温环境下，炉内发生一系列物理、化学反应，最终产出黑铜（黑铜＋冰铜）与水渣。值得一提的是，利用回转烘干窑、逆流焙烧炉、熔炼炉等设备对含铜等有色金属资源的污泥进行加工处理，不仅能产出黑铜、冰铜，其副产品水渣还可制成磨料，用于造船除锈，最终还能应用于制水泥。这一技术在行业内应用效果良好，既实现了危险废物的有效处理，又创造了较高的环境效益和经济效益，为危险废物处理提供了新的技术思路与发展方向。

（3）工业生产绿色减量化模式创新

浙江省积极推广绿色工厂、绿色园区和无废工厂、无废园区建设，发挥优势产业的示范引领作用，累计创建378家国家级绿色工厂、21个绿色工业园区，数量位居全国前列。并在工业园区内，通过企业协同、绿色制造，降低企业成本，提高资源化利用水平。如绍兴市推动纺织等产业绿色双碳认证，建立纺织、绿色建材、快递包装、家具等绿色产品认证培育企业库，组织开展标准、认证、标识相关政策解读和宣传。国家认证认可的行业标准《纺织产品碳足迹评价技术规范》获批立项，参与的工业和信息化部行业标准《产品碳足迹　产品种类规则　纺织产品》已发布，完成《产品碳足迹评价　纺织和服装类》等4项省市地方标准；全市18家企业获得21张双碳认证证书（“碳足迹标识”认证证书）。绍兴市上虞区更是借助“无废城市”建设的契机，开展减污降碳协同试点，探索出“政府主导、市场运作、循环利用”的资源化利用路径（专栏2-1）。

专栏2-1　绍兴市上虞区：无废循环点石成金，减污降碳变废为绿

在社会经济发展中，受污染土壤和建筑垃圾存在监管薄弱、资源化利用率低等问题，上虞区抓住“无废城市”建设契机，发挥政府与市场优势，打造绍兴绿展环保有限公司新型轻质复合（LPC）装配板材生产线项目，构建“建筑垃圾—资源化加工—再生建筑产品”产业链。通过完善制度体系、给予财税优惠、简化用地审批等政策保障；推进装配式建筑、研发专利技术、制定团体标准等技术创新；采用“自动化控制＋机器人生产”实现减污降碳协同增效；运用数字化管理平台和建筑信息模型（BIM）技术探索数智管理模式，不仅大幅提升了建筑垃圾资源化利用能力与综合利用率，使受污染土壤得到无害化处置，还成功创建“无废工厂”，其创新的数智监管模式成为行业污染整治提升典型样板，走出一条“政府主导、市场运作、循环利用”的资源化利用之路。

绍兴绿展环保有限公司生产车间

全生命周期数字化智慧管理平台

在企业科技创新实践方面，以浙江吉利为例，为实现“智能吉利 2025”战略目标，依托相关政策，推进实现“零废水排放、零有害物排放、零废物填埋”三零绿色循环目标，力争建设成为行业首家“无废集团”。通过将“单车危废量”等纳入关键绩效指标，探索“无废工厂”建设，发布评价标准，推动全产业链无废工作，取得降本增效、绿色低碳发展的双重效果（专栏 2-2）。

专栏 2-2　浙江吉利：汽车制造行业全链路无废管理模式

为实现吉利汽车集团“智能吉利 2025”战略目标，集团依托国家《“无废城市”建设试点工作方案》《浙江省“无废城市细胞”建设评估指南》等，结合集团“无废”经验，进一步拓展和深化“无废”工作，推进实现“零废水排放、零有害物排放、零废物填埋”三零绿色循环目标，力争建设成为行业首家“无废集团”。

2022—2023 年，通过设计制造无废产品，提升新能源产品渗透率，采用新型能源技术，提高产品可回收率并使用循环材料；全面开展无废制造，以评价标准和节能减废项目为指引，各单位积极创建“无废工厂”，开展多项降危减废项目并取得显著成效；推广无废供应链系统，组织供应商培训学习，推广绿色能源与回收材料使用，识别资源化利用项目；启动循环制造，成立循环制造中心并建设回收网点与拆解点。集团从产品全生命周期进行无废管理，推动汽车制造全产业链无废建设，实现降本增效与绿色低碳发展的双重目标。

无废设计（无废车型）

银河 L7
超纤革面料
100%绿色能源
设计可再利用率达到了92.4%

领克 09
零沥青，零杂棉，零有害溶剂
循环铝25%
循环电池、电芯

甲醇混动车
甲醇能源替代方案
18年200余件专利
碳捕集绿色甲醇

几何 E
可再生材料内饰
循环铝25% 循环钢15%
隔音垫—植物秸秆

2.3.2 资源循环利用技术

（1）再生资源利用与产业升级

在再生资源综合利用方面，鼓励企业加大技术创新投入，绍兴市越城区鼓励企业细化分工，进行技术攻坚。以废旧纺织品处理为例，当地骨干企业通过技术引进再消化，成功形成了对苯二甲酸二甲酯（DMT）单体回收率高、纯度高且质量稳定的独特工艺路线。这一工艺能够将废旧纺织品纤维通过化学反应分解成小分子单体，经过十几道高精尖技术手段，去除杂质和颜色，重新聚合为聚酯纤维，实现了从废旧纺织品到高品质再生新材料的转变。实现废旧纺织品循环利用，在生态上可减少固废、降碳、节约资源（专栏 2-3）。

专栏 2-3 越城区打造废旧纺织品“化学法永续循环生态圈”

随着工业化、城镇化的快速发展，我国居民衣着消费呈现强劲的增长态势，废旧纺织品的产生量也随之快速增加。目前我国废弃纺织品累计存量近亿吨，至“十三五”末废旧纺织品综合利用率仅为 15% 左右。绍兴作为纺织大市，若能对废弃纺织品进行高效利用、变废为宝，可有效缓解资源和环境的双重压力。绍兴市越城区借助全域“无废城市”建设的契机，深入开展“无废工厂”“无废企业集团”等“无废城市细胞”创建工作，持续推进固体废物源头减量，不断提升固体废物处置能力水平，强化产业巨头引领作用，积极培育了浙江佳人新材料有限公司（以下简称佳人企业）等骨干企业，大力支持其通过自主研发，采用化学法循环再生技术，实现废旧纺织品的循环利用，使佳人企业成为目前国内唯一、全球最大的化学法循环再生聚酯企业。

佳人企业通过政企联动，与多方合作建立回收体系，开展产学研合作；细化分工，形成先进生产工艺，实现废旧纺织品闭合永久循环；定向回收，构建成熟体系，联合巨头打造四大平台；技术创新，取得多项认证并承担重点项目。

其化学法循环再生技术在生态效益上，每年回收3.3万t废旧纺织品，可减少固体废物、节约资源、降低碳排放量，全国推广后减排量可观；在经济效益上，再生聚酯切片市场前景良好；在社会效益上，该国际领先技术有助于推动全球聚酯废纺品回收处理，在废旧纺织品循环利用领域成效显著。

厂区现场

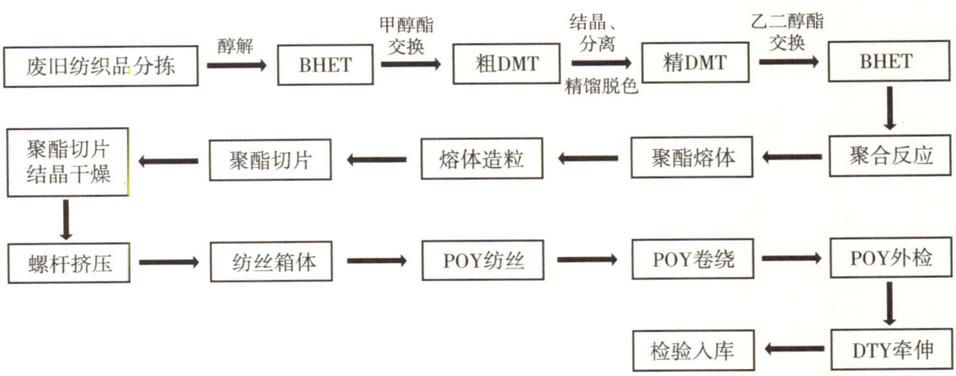

工艺流程

（2）建筑垃圾处理与绿色技术创新

2023 年，浙江省建筑垃圾综合利用率达 97.39%，远高于全国平均水平。在技术创新层面，更是硕果累累。温州企业研发的“淤泥制石”生产工艺，成功将固体废物转化为环保建材产品，为建筑垃圾的资源化利用开辟了新路径。在固废协同处理领域，积极探索创新实践，如浙江某新能源有限公司采用生物质高温热解气化和中温热解汽炭联产技术，对建筑垃圾与生物质固废进行协同处理，年处理建筑垃圾 50 万 t，生物质固废 15 万 t，可年产再生骨料 25 万 t，再生砖 5 000 万块，工业蒸汽 22.5 万 t、生物质炭 4.5 万 t。项目整体资源化利用率在 95% 左右，实现了良好的经济效益与环境效益。杭州市临平区针对大型高端活动及会展类项目场馆建设难点，以可循环快装式自约束钢结构室内场馆集成建造技术在如中国杭州 G20 峰会场馆等诸多项目中的应用为例，通过采用可持续设计、以智能制造与智能建造为主线、遵循循环经济原则以及开展多方面创新，形成系列自主创新科技成果，达到国际先进水平，为建筑领域节能减排提供新思路和全流程服务模式，在杭州等全国装配式建筑示范城市发挥重要作用（专栏 2-4）。

专栏 2-4　杭州市临平区：可循环快装式自约束钢结构室内场馆集成建造技术产业化应用

大型高端活动及会展类项目场馆建设，往往是高规格、严要求，特别是国际会议及活动，需要在兼顾各方要求的同时，综合考虑造价及后续的垃圾清运，此类临时场馆建设是近年来工程项目建设中的难点。

可循环快装式自约束钢结构室内场馆集成建造技术应用的案例包括中国杭州 G20 峰会场馆、厦门金砖峰会装配式场馆，以及世界工业设计大会、中国室内设计师年会、台湾大学生运动会、台北灯会等会展场馆项目等。其中，中国杭州 G20 峰会场馆是在原杭州国际博览中心的基础上改造提升而成，会后拆除，不对现有建筑造成破坏。完成本项目包括新闻中心、安保中心等在内的峰会重要场所的建设、运维、拆除和循环再利用的全过程工作，总建设面积 3.7 万 m^2，达到绿色、安全、低碳、环保要求，使用期间零故障、零投诉，受到一致好评，荣获 G20 杭州峰会服务保障“突出贡献奖”。相关技术产品在医院、办公等领域广泛应用，并在新冠疫情期间为应急防控、平疫结合医疗场所建设提供新的解决方案。

该技术在实施过程中，采用可持续设计理论与方法，实现多地项目循环使用，回收率高；以智能制造与智能建造为主线，研发成套技术体系与数字化平台；开展多维度创新，以租赁模式提升资金效率。遵循循环经济原则，项目创新实践形成系列自主创新科技成果，总体达国际先进水平，部分国际领先，在杭州等装配式建筑示范城市，以用户需求为导向，建立全流程服务模式，为建筑领域节能减排提供新思路、新方法。

杭州 G20 峰会场馆

（3）农业农村领域固体废物综合利用

在农业农村领域，提升主要农业固体废物综合利用水平，基本建成全域覆盖的废旧农资回收体系，废弃农药包装物回收率在 90% 以上，废旧农膜回收率稳定在 90% 以上，秸秆综合利用率稳定在 96% 以上。同时，持续推进“肥药两制”改革，到 2023 年，实现化肥农药用量“10 连降”，建成全生物降解地膜应用试验示范点 29 个，推广应用面积稳步扩大至万亩以上。丽水市景宁畲族自治县大漈乡通过创新农业农村领域固体废物综合利用生态立体养殖模式，促成茭白全生命周期生长，构建“生态 +”循环农旅综合体，从源头控制农业固体废物减量，实现“无废”农业种植管理（专栏 2-5）。

专栏2-5　丽水景宁、金华永康：秸秆回收变废为宝

景宁作为全国唯一畲族自治县，部分乡镇面临产业单一、农业污染风险大等问题，自2020年启动“无废城市”建设后，大漈乡以高山冷水茭白优势探索低零碳乡镇建设。在做法上，通过科技赋能，开展“茭鸭套养”“茭鳅套养”生态养殖，运用智慧农业技术实现“无废”种植；构建秸秆综合利用全链条，以“秸秆换肥”调动农户，将秸秆饲料化、肥料化、产品化；推进农旅融合，将“无废”理念融入景区，开展零碳智能电力系统试点工作。其特色亮点在于，大幅降低农业污染风险，水质指标得到改善，农田实现低（零）碳生产；实现协同减碳与富民增收，提升茭白产量与农民收入，减少碳排放且秸秆资源化率高；“无废”农旅成效显著，吸引众多知名团队取景，民宿入住率高，景区游客增加，收入可观，实现生态与经济双赢。

“茭鸭、茭鳅”生态套养模式

永康市积极探索秸秆综合利用，针对唐先镇葡萄秸秆焚烧污染问题，推出“秸秆换肥”收贮运模式试点。通过建设秸秆收贮运中心，依托现代生态循环农业示范主体，配备设施设备，政府给予财政补助，确保秸秆收

贮运服务与有机肥质量；布局村级换肥点和区域分级收贮换肥站，规范换肥流程，明确各方责任，合理安排换肥计划；采用多种方式综合利用秸秆，以肥料化为主，同时推进能源化、基料化利用。该模式成功打通“农户—收贮方—政府”三方利益链条，在经济效益上，使5 000余户农户受益，降低用肥成本，提升有机肥加工厂市场竞争力与盈利能力；在社会效益上，推动秸秆综合利用，减少焚烧污染，改善农村环境，助力生态可持续发展。目前，永康市已形成多元秸秆综合利用格局，“秸秆换肥”模式获农业农村部、浙江省农业农村厅认可并向全省推广。

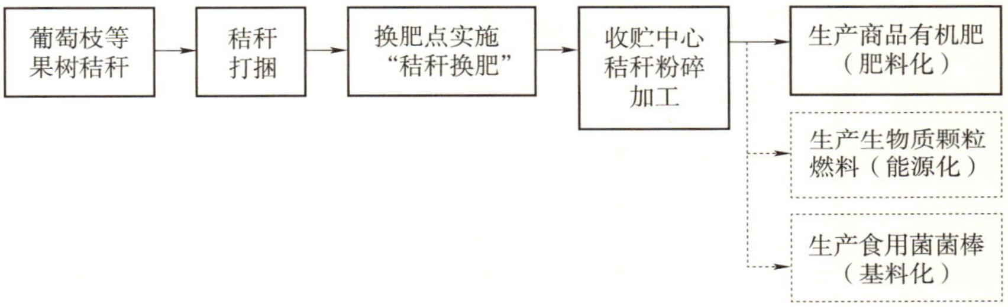

秸秆收贮流程

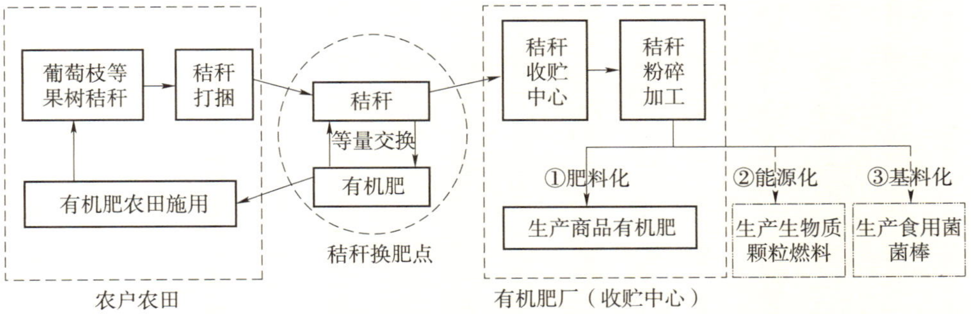

秆肥利用流向（大循环模式）

（4）生活源领域回收处理新模式

在生活源领域，通过“互联网+”等回收模式，整合现有回收资源，加强回收网络的合理布局。如杭州、宁波、金华涌现出的“虎哥”“波普清道夫”“联运”“鲸鱼”“灵猫”“搭把手”“红葫芦”“考拉”等多种生活垃圾及再生资源回收模式，促进生活源固体废物减量化、资源化，城镇生活垃圾回收利用率达到 66%。启动首个外卖塑料“零废弃”试点。大力推广“以竹代塑”，安吉县建设全国首个应用推广基地。台州构建“蓝色循环”海洋塑料废弃物治理模式，回收海洋塑料垃圾 2 254 t，减少碳排放量约 2 930 t，荣获 2023 年联合国“地球卫士奖”（专栏 2-6）。

专栏 2-6 台州市椒江区：“蓝色循环”破解海洋塑料垃圾治理难题

海洋污染物治理是一个全球性难题，目前全球海洋垃圾总量超过 1.2 亿 t，其中 83% 是塑料，危害海洋生物，并通过食物链影响人类身体健康。椒江区依托“海洋云仓”应用，加强海陆协同智治，构建“蓝色循环”海洋塑料污染治理新模式，针对船舶污染物和海洋塑料进行数字化治理，进一步控制近岸海域和边滩污染，改善海洋生物栖息环境，为海洋垃圾治理提出新的解决方案。

在做法上，构建闭环治理平台，通过“一防二截三收四治”源头治理，运用物联网与智能算法实现垃圾全流程闭环可视化治理及减污降碳；构建数字化链接的收集网络体系，联合多方组成“蓝色联盟”，创新认证方式，建立交易平台与共富基金，打造长效治理机制；构建多维集成智治共治大脑，推动多方角色转变，实现跨层级、部门、区域的协同监管。在成效上，开展试点形成立体收集网络，预计年回收浙江近岸海域 35 万 t 海洋塑料垃圾；重塑角色推动多元市场化治理，出台相关制度与规则；重构产业缩减流转环节，融合碳交易提升废塑料价值，填补国内外碳认证规则空白。

“蓝色循环”海洋塑料污染治理新模式

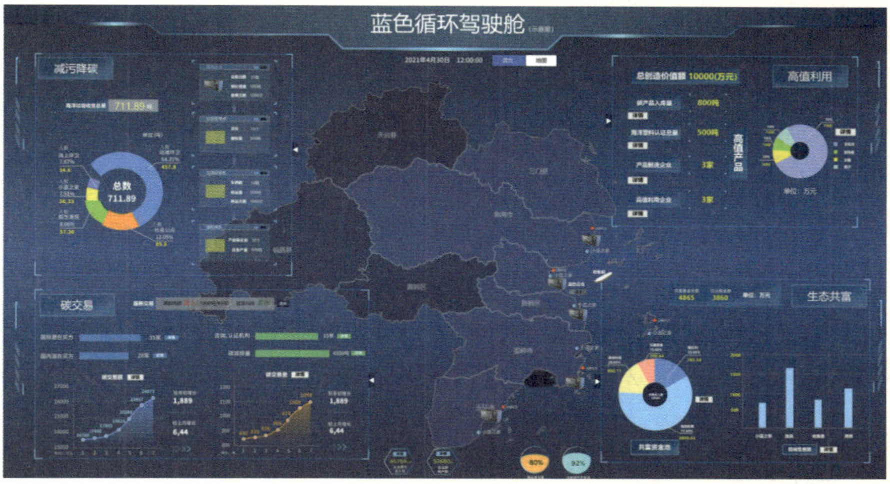

蓝色循环驾驶舱

在技术方面，列入浙江省全域“无废城市”第一批先进适用技术的化学反应——减压蒸馏工艺制备生物柴油技术，开启了餐厨废弃油脂资源化利用的新篇章。该技术以餐厨废物地沟油为生产原料，先加入适量电解质处理水杂，随后进行干燥处理。得到的原料油（干燥油脂）在酸性催化剂及特定温度条件下，与加入的甲醇发生酯化反应，将其中的脂肪酸成功转化为脂肪酸甲酯，即生物柴油。此技术创新性突出，不仅处理效率高，还能有效控制污染。其将化工技术巧妙应用于废弃油脂处理，实现了从废弃物到高附加值生物柴油的转变，高值化利用应用推广潜力巨大，建议将技术名称优化为“基于化学反应——减压蒸馏工艺的餐厨废弃油脂资源化制生物柴油技术”，以突出利用化工技术实现废弃油脂资源化利用的技术特点。

杭州市富阳区针对低价值可回收物回收利用难题，通过技术攻坚形成再生利用技术体系，因地制宜探索六大线下回收模式，构建回收网络，开展服务社会系列活动，培育“无废”理念，打造低价值可回收物回收利用“富伦模式”，实现专利技术赋能、经济与生态效益双赢、“无废”理念广泛传播（专栏 2-7）。

专栏 2-7 杭州市富阳区：无废科技点石成金，绿色循环变废为宝

低价值可回收物是生活垃圾中介于回收价值较高的可回收物（如纸张、金属等）和不可回收物之间的物质，其价值低、回收成本高，需二次分拣、资源化利用技术门槛高，导致其市场回收利用率低，绝大部分混入其他垃圾进行焚烧处置，不仅造成资源浪费，还导致垃圾量持续增长。有效回收利用低价值可回收物不仅能实现垃圾减量，也是提高垃圾资源化利用率的关键。为促进低价值可回收物回收利用，杭州市积极落实《浙江省低价值再生资源回收指导目录》（浙商务联发〔2021〕51 号），并鼓励各区、县（市）研究制定生活源低价值再生资源回收具体支持政策，加大对低价值可回收物的回收力度。

富阳区以“无废城市”建设为契机，积极培育低价值可回收物回收利用产业，打造低价值可回收物回收利用“富伦模式”，成功地将低价值可回收物变废为宝。在做法上，以技术为先，依托造纸产业优势，杭州富伦生态科技有限公司形成再生利用技术体系，拥有多项专利和产能中心，获多项荣誉；因地制宜，组建专业车队，打造六大线下回收模式，在校园、社区、人流密集区等探索回收新途径，构建回收网络；服务社会，开发“资源银行”校园系统，参与“无废亚运”，培育“无废”理念。该模式特色亮点显著，凭借专利技术实现低价值可回收物资源再生；每年回收 4 万 t，降低垃圾处置成本 900 万元，实现碳减排约 9.4 万 t CO_2 当量，达成经济与生态效益双赢；通过系列活动带动 20 余万师生、40 余万家庭参与，推动“无废”理念广泛传播。

杭州富伦生态科技有限公司低价值可回收物再生利用产能中心

由废弃牛奶盒转化而成的再生资源纸袋

2.3.3 监测与管理信息系统技术

在浙江省积极推进“无废城市”建设的进程中，监测与管理信息系统技术发挥着至关重要的作用，全方位、多层次地助力固体废物的高效管理与资源化利用，推动城市绿色可持续发展迈向新高度。浙江省紧紧抓住全国“无废城市”数字化改革试点的契机，积极探索创新，以数字化手段赋能“无废城市”建设，取得了一系列令人瞩目的成果。通过打造“无废城市在线”并不断更新模块与场景，推动数据信息在多部门平台间融合贯通，探索发布并迭代“无废指数”以助力地方建设，以及丰富拓展杭州“无废亚运”、宁波镇海“无废指数”及减污降碳绩效测评体系等场景应用（专栏 2-8）。

专栏 2-8 浙江省“无废城市”数字化改革经验做法

浙江以全国“无废城市”数字化改革试点为契机，多举措推进“无废城市”数字化建设。打造“无废城市在线”，迭代开发综合应用并屡获殊荣，新上线多个模块优化固体废物管理与交易；推动数据信息融合贯通，打通多个部门平台，实现建筑垃圾、农药包装废弃物等多类固体废物的数字化监管与固体废物运输实时监督；探索发布“无废指数”，作为部省共建核心成果，经迭代更新后定期公布，纳入督察清单，助力统筹建设；丰富拓展场景应用，各地开发特色应用，如杭州“无废亚运”、宁波镇海“无废指数”测评体系、湖州“铅蛋”服务应用、绍兴印染行业固废特征库等，提升固废数字化管理水平。

浙江省“无废城市在线”驾驶舱

各地市也纷纷响应，积极投身于数字化应用的探索与实践。如舟山市生态环境局以地方立法明确各方监管职责、数字赋能优化海陆联动协同监管，全面推进省级“无废城市”数字化改革试点——“港口船舶污染物协同管理应用（舟海净）”建成投运，深化港口船舶污染物治理体系，为高质量推进现代海洋城市建设奠定生态环境基础。嘉善县针对工程渣土领域监管中偷倒渣土发现难、跨部门协调合作难、跨区域联防联治难等问题，按照“无废城市”建设要求，打造“水网睿控”应用场景、建立“一体执法”合作机制、健全“闭环管理”长效机制，创新“数字智慧 + 大综合一体化”执法新模式，推动长三角跨区域渣土管理迈上新台阶（专栏 2-9）。

专栏 2-9　嘉兴市嘉善县：创新“数字智慧 + 大综合一体化”执法新模式

嘉善县地处苏浙沪交界，工程渣土监管面临偷倒发现难、跨部门协调难、跨区域联防难等问题。为此，嘉善县紧扣“无废城市”建设要求，坚持系统化整治，创新执法模式。通过成立 19 个部门组成的联合整治领导小组，健全工作机制，开展“春雷”行动，破解执法难题；打造“水网睿控”应用场景，布设智能感知终端、进行三维建模归档、融合数据辨别，攻克发现难题；建立“一体执法”合作机制，加强跨区域合作与执法联动，打造多功能治理平台，解决协同难题；健全“闭环管理”长效机制，摸清渣土底数、拓宽消纳渠道、加强管控，化解处置难题。其工作成效显著，渣土非法倾倒量大幅下降，水上事故减少，航道保持良好状态；形成长效管理方案，推动跨区域合作；相关做法获省市领导批示肯定，被多家市级以上媒体宣传推广，成为工程渣土治理的典型范例。

嘉善县水网睿控系统

签订《“青浦、汾湖、嘉善”三地综合执法局渣土管理领域党建引领跨省合作签约协议》

总之，浙江省“无废城市”建设监测与管理信息系统以先进的感知技术、多元的网络技术、强大的数据处理技术、智能的应用技术和前沿的创新技术为支撑，为“无废城市”建设提供了全方位、多层次的保障。未来，随着技术的不断发展和创新，该系统将在浙江省的生态文明建设和可持续发展中发挥更加重要的作用。

2.4 社会共建持续深化

2.4.1 开展多样化的宣传活动

2023年7月，浙江成功打造史上首个“无废”亚运，从赛事场馆建设到赛事运营，从物资采购到废弃物处理，都遵循绿色、低碳、循环的原则，全方位融入“无废”理念。同时，承办全国“无废城市”建设现场推进会，吸引了全国各地的代表齐聚浙江，共同交流和探讨“无废城市”建设的经验与未来发展方向，进一步提升了浙江在全国“无废城市”建设领域的引领地位。2024年3月，在“无废城市”建设的宣传推广和实践创新方面持续发力，举办“无废城市”创意设计大赛，旨在激发全社会的创新活力，鼓励广大设计师、高校学生以及社会各界人士围绕“无废城市”主题，设计出具有创新性、实用性和推广价值的产品、方案或艺术作品。同月，举办“3·30国际无废日”活动，浙江省11个设区市同步联动开展精彩纷呈的“国际无废日”主题系列活动（专栏2-10）。如宁波围绕“共建无废甬城，共享绿色生活”主题，开展“无废”主题教育、“无废”知识竞答、“无废”之旅精品游、“无废”CityWalk、环保设施开放等一系列特色活动；温州市以绿为名、聚民之力，3·30活动正式发布实施《温州市“无废商圈”建设指南》，举行了“无废会员日”特色活动及温州“无废生活”精品体验带专题研讨会，进一步推动形成全域无废新风尚，擦亮温州“无废城市”标识；湖州市举办首届“环保沙龙、绿向未来”系列活动，为2023年度成功创建的“无废城市细胞”代表颁发了奖牌，签订“无废商圈”承诺书，举行了城市轻盈计划（废玻璃瓶回收）号召仪式。

每年还会推动建设一批“无废城市”建设展览馆（实践基地），组织开展“无废城市”建设体验等主题实践活动，以宣教工作为中心，讲好“无废”故事，传播“无废”理念。这些活动的成功举办，不仅丰富了“无废城市”建设的内涵和形式，还进一步提高了公众对“无废城市”建设的认知度、参与度和支持度，为浙江全域“无废城市”建设注入了新的活力。

专栏 2-10 “国际无废日” 浙江在行动!

2024 年 3 月 30 日是第二届“国际无废日”，当天上午以“无废城市绿色未来”为主题的浙江省“国际无废日”主场活动在杭举行。活动现场唱响了浙江“无废城市”主题曲《你我携手一起来》，发布了《“无废亚运”评估成果》《浙江省“无废”体育赛事行动指南》《“无废商圈”建设指南》，对浙江省“无废创意”大赛优胜作品进行颁奖，“我是无废行动者”系列活动和“无废”展览体验活动吸引了众多市民前来参与打卡互动。

2024 年浙江省“国际无废日”主题活动

2.4.2 拓宽“无废”公众参与渠道

充分发挥报刊引领作用，利用浙江生态环境公众号，开辟“无废之窗”专栏，持续总结发布各地“无废城市”建设经验和做法，让公众全面了解建设动态，为公众参与提供基础信息支撑。定期组织“无废城市”建设公众沟通会、座谈会或新闻发布会等，邀请政府部门、专家学者、企业代表和公众代表等共同参与，就建设中的重大问题、关键决策等进行沟通和交流，听取公众意见和建议。注重提炼成果，向更高层次宣传平台（如《今日浙江》、生态环境部简报等）推送信息，利用多种宣教途径形成长效机制，筑牢“无废城市”意识形态宣传阵地。

结合各地旅游资源，开发“无废城市”旅游线路，如嘉兴市上线“无废城市地图”，将“无废城市”建设成果与旅游景点相结合，让游客在旅游过程中感受“无废”理念，增强公众对“无废城市”的认知和体验。在旅游景区、文化活动场所等地，举办与“无废”相关的文化旅游活动，如“无废”主题音乐节、民俗活动等，将“无废”宣传融入文化旅游活动中，吸引更多游客和公众参与（专栏 2-11）。

专栏 2-11　温州市鹿城区：创新举办“无废节日”，多元共建“无废社会”

温州市聚焦“无废城市”全域化、细胞化、全民化，在鹿城区蒲鞋市街道建设“无废生活”精品体验带，构建“无废社会”新体系。通过建立三级联动机制，以“无废街区”建设为基点，开展全域“无废”建设，创成多个省级示范，打造众多“无废城市细胞”，推进城市有机更新与绿色出行；以“无废”理念传播为核心，依托“无废城市细胞”丰富场景，打造五大板块风景线，建设宣传体验阵地并开展系列活动；以“无废节日”打造为手段，举办“无废会员日”，组建“无废商家联盟”，制定标准加强监管。该模式锐意创新，打造全国示范窗口；延伸触角，推动基层治理创新；赋能城市，助力共富，实现社会效益与经济效益双提升。

“无废会员日”活动现场

2.4.3　引导企业履行社会责任

为进一步夯实“无废”文化的群众基础，浙江积极探索创新，建立百优“无废城市细胞”示范联盟。以“无废”理念为引领，精心挑选涵盖工业、商业、社区等多领域的优质“无废城市细胞”，通过整合资源、协同合作，发挥以点带面的辐射效应，逐步将“无废”意识渗透到社会的各个角落。重点打造“无废集团”“无废商业街区（商圈）”等优秀“无废城市细胞”宣传文化工程，使中国式“无废城市”建设在现代化大都市的生产领域，聚焦大型企业集团，重点遴选和培育一批“无废集团”。这些集团将在生产工艺优化、资源循环利用、废弃物减排等方面发挥示范带头作用。从原材料采购到产品生产、包装，以及废弃物处理，全流程贯彻绿色发展理念，通过技术创新和管理升级，实现固体废物的源头减量与高效利用。在生活领域，浙江着力打造“无废商业街区（商圈）”。从繁华的市中心商业街到新兴的社区商业综合体，都被纳入“无废”建设的范畴。在这些商业街区，通过张贴宣传海报、举办主题活动等方式，向商家和消费者普及“无废”知识，倡导绿色消费理念。同时，鼓励商家采用环保包装、减少一次性用品使用，并建立起垃圾分类和回收体系，确保商业活动产生的各类垃圾得到妥善处理。

除了“无废集团”和“无废商业街区（商圈）”，浙江还将“无废城市细胞”示范联盟作为优秀“无废城市细胞”宣传文化工程的重要载体。通过举办各类宣传活动，如“无废”主题展览、环保公益讲座等，深入宣传“无废城市”建设的理念和成果，让更多的人了解“无废”文化的内涵和价值。同时，积极挖掘和培育与“无废”相关的文艺作品，如环保主题的诗歌、绘画、音乐等，以艺术的形式传播“无废”理念，营造浓厚的“无废”文化氛围。

随着“无废城市细胞”示范联盟的不断发展壮大，浙江“无废城市”建设正朝着高标准、高质量的方向稳步迈进。“无废浙江”品牌逐渐打响，一幅无废风尚、无废文艺、无废城乡、无废共富的生动图景正在徐徐展开。在现代化大都市建设的进程中，中国式“无废城市”建设绽放异彩，不仅在经济发展与环境保护之间找到了平衡点，更在建设具有时代新文化的征程中彰显出浙江特色，为建设中华民族现代文明贡献出浙江力量。未来，浙江将继续深化“无废城市”建设，不断丰富“无废城市细胞”的内涵和形式，让“无废”理念成为全社会的共同价值追求，为实现人与自然和谐共生的现代化目标而不懈努力。

2.4.4 打造“无废”志愿团队

在深化“无废城市”建设的征程中，浙江凝聚各方力量，积极拓展合作版图，全方位加强与学校、企业、社区、环保组织等多元主体的深度合作。通过搭建高效的沟通桥梁，以组织推荐与团体报名相结合的创新模式，广泛吸纳成建制的志愿者队伍，力求不断扩充团队规模，进而显著提升“无废城市”建设的社会影响力。

在志愿岗位设置方面，浙江依据“无废城市”建设的多样化实际需求，精心规划了不同类型的志愿岗位。其中，“垃圾分类宣传岗”志愿者肩负着向广大市民普及垃圾分类知识的重任，通过举办社区讲座、校园宣传活动等形式，将垃圾分类的理念和方法传递给每一个人；“资源回收引导岗”志愿者则活跃在社区、商场等场所，指导居民和商家正确进行资源回收，提高资源回收利用率；“环保项目协助岗”志愿者参与到各类环保项目的实施过程中，从项目策划到落地执行，贡献自己的智慧和力量。每个岗位都有明确的职责和详细的工作内容，志愿者能够根据自身的特长和兴趣，精准选择契合自身的岗位，充分发挥个人优势。为了让志愿者具备扎实的专业素养，浙江特别邀请环保领域的资深专家、垃圾分类的权威专家等，为志愿者开展系统全面的“无废”知识和技能培训。培训内容丰富多元，不仅涵盖“无废城市”的先进理念传播、国家和地方的相关政策法规解读，还深入讲解垃圾分类的精细方法以及前沿的资源回收利用技术。通过理论讲解、案例分析、实地操作等多种培训方式，确保志愿者能够深入理解“无废”内涵，熟练掌握相关技能。

在实践活动方面，积极组织志愿者深度参与各类“无废”实践。在垃圾分类示范小区创建活动中，志愿者协助社区完善垃圾分类设施，引导居民养成良好的垃圾分类习惯，打造整洁有序的居住环境；在垃圾清理行动中，志愿者走进公园、河流、街道等公共场所，清理各类垃圾，用实际行动守护家园的美丽；在环保项目实施过程中，志愿者全程参与，为项目的顺利推进提供人力支持和创意建议，在实践中不断提升自己的实际操作能力和解决问题的能力。

此外，浙江充分发挥党建引领这一关键作用，将“无废城市”建设纳入基层党建工作的重点范畴。积极拓展与宣传部门、机关工委、工青妇等党政群团组织，以及媒体、行业协会、社会组织等的“无废”联动机制。通过整合各方资源，组建起一支政治觉悟高、专业能力强的“无废城市”建设志愿队伍。这支队伍以党建为核心凝聚力，深入基层社区、企业和学校，开展形式多样的宣传和实践活动，引领和推动“无废城市”理念在基层落地生根。通过打造这一全民共享的党建红色工程，将党的先进性与“无废城市”建设的实际需求紧密结合，让每一位党员成为“无废”理念的传播者和践行者，带动全社会形成共建共享“无废城市”的良好氛围，为浙江“无废城市”建设注入源源不断的动力。

CHAPTER 3

未来展望

3.1 面临形势

党的十九届五中全会明确提出到2035年基本实现社会主义现代化远景目标，其中就包括“生态环境根本好转，美丽中国建设目标基本实现”。2023年我国单位国内生产总值能耗、碳排放强度较2012年分别下降超过26%、35%，主要资源产出率提高了60%以上，绿色低碳发展取得历史性成就。但同时生态环境质量稳中向好的基础还不牢固，“无废城市”建设作为美丽中国建设至关重要的一环，也面临诸多挑战。如部分地区固体废物产生量依然较大，资源化处置能力不足；系统化布局和顶层设计有待完善；以政策扶持、技术支撑和研发能力为代表的软实力有待提升；公民环保意识和“无废城市”社会文化氛围有待培养等。习近平同志在《关于在全党大兴调查研究的工作方案》中强调，调查研究是我们党的传家宝，是做好各项工作的基本功。一些工作“老大难”问题之所以长期得不到有效解决，一个重要原因是情况还吃得不透，病根还找得不准，结果工作只能在原地打转转。因此，想要进一步发展“无废城市”，必须抓住影响和制约工作科学发展的突出问题，下大工夫研究，下大力气破解。

3.1.1 国际“无废”蓝图，中国绘就独特篇章

当前，全球气候变化与资源短缺的双重危机正加速重构世界发展格局。联合国环境规划署数据显示，全球每年产生超20亿t城市固体废物，若延续传统填埋与焚烧模式，到2050年碳排放量将占全球总排放量的8%～10%。在此背景下，各国纷纷将循环经济上升为国家战略，各国“无废城市”开展重点领域及措施见表3-1。德国通过《循环经济法》将资源生产率提升至93%，新加坡推行“零废物总蓝图”，实现97%建筑垃圾再生利用。国际社会对固废管理的探索已从技术层面向制度文明跃迁。欧盟通过《循环经济行动计划》立法要求2030年城市垃圾回收率达65%，日本依托《循环型社会形成推进基本法》建立从垃圾分类到产品生态设计的完整链条，形成东京23区100%的生活垃圾能源化处理的典范。全球45个国家加入“无废城市国际联盟”，意大利卡潘诺里市通过厨余垃圾沼气发电实现能源自给，美国旧金山以“零废弃2030”计划推动商业领域94%的废弃物分流。这种将国际经验与中国治理逻辑深度融合的实践，标志着固体废物治理正从末端管控转向源头革命。

表 3-1 各国“无废城市”开展重点领域及措施

指标	中国	荷兰	芬兰	日本	新加坡
固废管理层级优先序	环境污染防治优先：末端处置能力的完善和提升	优先源头预防、再使用、循环利用、回收，减少焚烧、填埋（占比 4%）	实施预防、再使用、循环利用、回收、处置的分级管理，减少焚烧、填埋（20%）	避免填埋（<1%），生活垃圾焚烧（80%）	减少填埋为最优先目标：回收、循环利用、焚烧发电
工作重点领域	生活、工业、农业领域所有主要废弃物品类	生物质与食物、塑料、制造业、建筑部门、消费品	食物食品、建筑部门	生活垃圾、工业固废循环共生利用	建筑废物、电子、包装垃圾、食物
主要途径措施	政府主导，构建制度、技术、监管和市场体系	完善法律体系、制定制度保障、建立多样化市场机制和公众参与机制、开发新型技术、推进循环经济	构建“立法+长期规划”双轨法规体系，建立“国家-区域-地方”三级监管制	完善法律体系、深化全产业链生产者责任延伸、设立“循环经济推进协议会”统筹政企协作	优化基础设施、环境服务工业转型、技术创新

我国已成为全球生态文明建设的重要参与者、贡献者、引领者。在推动全球可持续发展上，我国坚持共同但有区别的责任原则，主动承担同国情、发展阶段和能力相适应的环境治理义务，努力推动构建公平合理、合作共赢的全球环境治理体系。在“无废城市”建设方面，我国与高收入国家处于不同的经济发展时期与城市化进程，面临的固体废物问题和战略目标也有所不同，在拟定推进政策时需要将差异性因素纳入分析。从全球来看，目前提出建设“无废城市”的多为发达国家，往往具有起步早、基础好的特点。自 2019 年我国全面启动“无废城市”综合性试点工作以来，我国成为全球第一个进行“无废城市”实践的发展中国家。现阶段，我国也在积极参与相关国际谈判，并在“无废城市”建设等方面取得阶段性进展。

3.1.2 全国“无废城市”建设百花齐放

我国正以高质量发展为主线，在破解资源环境约束中探索新路径。2023 年全国大宗工业固体废物产生量达 42 亿 t，而综合利用率不足 60%，资源错配与生态承载力的矛盾日益尖锐。在构建以国内大循环为主体、国内国际双循环相互促进的新发展格局背景下，固体废物循环成为其中至关重要的一环。从资源利用角度来看，固体废物并非完全无用之物，而是放错地方的资源。“无废城市”建设作为推动固体废物循环的关键举措，全国各地积极探索适合自身发展的模式，形成了各具特色的实践经验，有力地推动了经济社会的高质量发展。自生态环境部等18个部门启动百城计划并提出2025年的建设目标后，各省份和区域纷纷加大“无废城市”建设支持力度，实现“区域有创新、点上有特色”。但因各省份启动时间不一致、基础情况不同，目前尚未实现全国“一盘棋”。浙江、江苏、河北、山东、上海等省级行政区已先后印发了“无废城市”建设方案，云南、河南、湖北、吉林、海南等省级行政区正在积极推动全域“无废城市”建设。在区域协作方面，长三角区域正成为“无废城市”建设的排头兵，为全国提供有益示范。

“双碳”目标的倒逼机制正在重塑固体废物治理新范式，各地“无废城市”建设纷纷将减少碳排放作为重要任务，加强对固体废物资源化利用技术的研发和应用。四川省和重庆市开展成渝地区双城经济圈“无废城市”共建，率先开展省域共建深度合作，探索构建固体废物“横向耦合、原料互供、资源共享”生态产业链。广东省正在粤港澳大湾区开展“无废湾区”建设，探索建立“无废湾区”固体废物区域协同示范。江苏省开展“无废运河”建设，探索河道长效综合管理模式。重庆市、上海市正在探索“无废城市”法制化，尝试通过立法推进全市“无废城市”建设。重庆市出台全国第二个“无废指数”指标体系，围绕工业、农业、建筑、生活、塑料治理、节能降碳、群众获得感等七大领域设立指标，采用4档量化评价方法对各区县进行排名分级，“以评促强”助力“无废城市”建设。

“无废城市”建设是生态文明建设的重要组成部分，对于实现美丽中国的宏伟目标具有不可替代的作用。生态文明建设旨在构建人与自然和谐共生的现代化，而“无废城市”建设正是这一理念在城市发展层面的生动实践。总体来看，“无废城市”建设呈现出“以点带面，逐步推开”的良好态势，各地正在摸索不同特色的实践路径，为未来全国范围内的“无废城市”建设提供有益借鉴。

3.1.3 省内“无废指数”量化城市建设成效

浙江省作为全国首个实现设区市全域“无废城市”建设全覆盖的省份，肩负着国家生态文明先行示范区的战略使命。国家《“十四五”时期“无废城市”规划工作方案》明确提出“推进100个左右地级及以上城市开展‘无废城市’建设”，而浙江以11个设区市全部入选国家“无废城市”建设名单的实践成果，成为全国唯一全域覆盖的标杆省份。在美丽中国建设框架下，浙江以“无废城市”为抓手重构生态治理格局。为进一步统筹引导各城市“无废”建设，在统一“无废”指标体系基础上，构建“无废”跑道“赛马”机制——“无废指数”测算评价体系。浙江省生态环境厅以数字化改革为引领，在生态环境部的指导下，联合生态环境部固体废物与化学品管理技术中心率先开展定量化、动态化的“无废指数”测算评价体系研究。“无废指数”测算评价体系，能够客观、定量、综合评价“无废城市”建设进展成效和表征城市“无废”水平差异，以简明、及时、准确的方式向政府反馈和向公众展示，已成为衡量“无废城市”建设成效的重要载体。

截至2024年底，浙江省共发布13期全省和11个设区市的“无废指数”，浙江省“无废指数”由2021年11月第一期的76.17逐步增长到2024年第13期的85.36，呈现良好态势（图3-1）。但各设区市因情况不同，各自侧重点不同，指数仍存在一定的差异。如指数发布初期，湖州、杭州、绍兴等地“无废城市”工作推动较早，指数排名较靠前，但中后期，宁波、金华等地逐步加强工作开展，名次逐步提升，现阶段杭州各方面发展较为均衡，综合实力最佳（表3-2）。

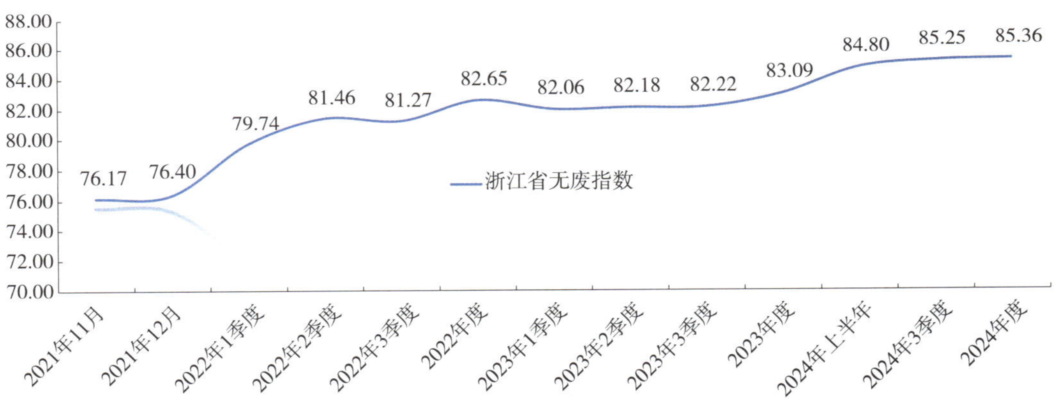

图3-1 浙江省“无废指数”情况

除“无废指数”以外，浙江省还通过“无废城市”星级评估、百优“无废城市细胞”创建、最佳“无废城市”建设实践案例遴选等对省内“无废城市”建设工作进行评估和推广。2024年遴选并公布20个全域“无废城市”建设最佳实践案例和123个百优“无废城市细胞”，综合来看，百优“无废城市细胞”推荐细胞类型以“无废学校”（25个）、“无废工厂”（22个）、“无废乡村”（16个）、“无废饭店”（13个）和“无废景区”（10个）等类型为主，各设区市最佳实践案例遴选数量也存在一定的差距（图3-2）。

表 3-2　浙江省各地市“无废指数”情况

时间	2021年11月	2021年12月	2022年1季度	2022年2季度	2022年3季度	2022年度	2023年1季度	2023年2季度	2023年3季度	2023年度	2024年上半年	2024年3季度	2024年度
杭州	79.78	80.30	83.43	86.32	86.26	88.23	83.51	82.69	83.44	84.31	89.00	88.39	87.64
宁波	68.95	71.45	82.26	84.64	83.95	84.21	84.39	81.47	81.67	81.22	82.69	83.22	83.21
温州	72.42	75.16	75.78	78.47	79.70	80.01	79.49	79.47	80.02	80.71	80.29	81.58	82.37
湖州	82.17	81.84	80.44	83.40	83.11	83.50	79.21	79.52	81.71	81.95	83.84	85.13	86.56
嘉兴	73.28	72.01	83.07	81.67	82.43	83.45	83.67	83.49	83.20	84.10	84.43	84.47	84.84
绍兴	76.41	70.39	78.90	78.41	78.29	79.73	79.97	79.17	79.56	82.99	83.56	86.47	86.32
金华	70.24	71.12	76.06	81.06	80.25	82.27	82.39	83.38	82.63	83.86	84.66	85.99	86.05
衢州	64.65	70.89	67.73	73.00	74.48	76.63	80.24	79.90	80.87	80.91	84.41	84.68	84.99
舟山	68.29	61.70	80.37	76.18	75.20	75.24	75.80	73.43	74.17	76.03	82.19	82.28	82.02
台州	75.80	72.13	75.09	76.78	75.84	78.20	80.32	80.80	80.98	81.63	81.69	82.07	81.87
丽水	72.69	75.00	77.65	75.03	75.93	78.03	78.57	78.20	79.39	81.66	80.98	83.76	83.12

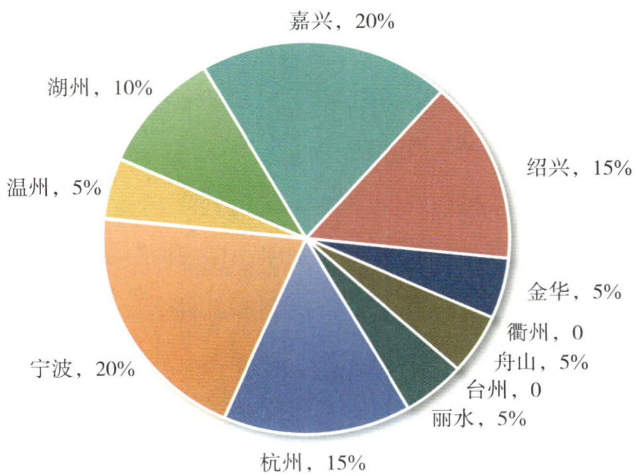

图 3-2 浙江省各设区市最佳实践案例数占比情况

习近平同志曾强调，调研工作要保持一致、令行禁止、马上就办，这个“快”是建立在“深”和“实”的基础上的。党的二十届三中全会强调要深化生态文明体制改革，全面推进美丽中国建设，为生态环境保护和高质量发展指明了方向，为“无废城市”建设等工作提供了有力支撑。浙江省坚持聚焦提高人民生活品质，聚焦建设美丽中国，积极努力协调整合现有资源，为实现生态文明建设新进步和民生福祉达到新水平不懈奋斗。未来，要全面准确落实精准治污、科学治污、依法治污要求，以更高标准谋划和推进“无废城市”建设工作，结合先行省份经验，推广“无废城市”建设的典型做法，为下一步率先建成“无废城市”，实现高质量生态文明建设奠定坚实基础。

3.2 下一步工作建议

3.2.1 锚定一个目标

中共中央、国务院印发的《关于全面推进美丽中国建设的意见》明确提出，到2035 年，“无废城市”建设全覆盖，东部省份率先全域建成“无废城市”。“十五五”时期要明确“无废城市”建成的指标体系，引领“无废城市”建设方向。同时，从全域推进“无废城市”建设的实践看，有必要提出以“无废城市”建设引领推动“无废社会”的战略目标。浙江省将勇当先行者、谱写新篇章，率先建成“无废城市”，努力打造全域“无废城市”建设标杆之地，推动建设天蓝、地绿、水清、无废的美丽浙江。

3.2.2 借力两个大势

一是借力“共同富裕”，推进城乡“无废”一体化建设。习近平总书记要求浙江在高质量发展建设共同富裕示范区上积极探索。浙江省应充分利用城乡一体化优势，对城乡固体废物管理进行统筹规划，共享固体废物处理设施和资源，在固体废物减量化、资源化和无害化处理等方面协同发展。加强山区和沿海地区之间的合作与交流，研究探索变废为宝、助力共富的新技术、新机制和新路径，实现城乡“无废”高水平共建共享，助力“绿水青山”向“金山银山”的转化。

二是借力“现代文明”建设，推进“无废文化”创新发展。借力建设中华民族现代文明先行探索突破之势，大力倡导绿色低碳无废理念，打响“无废浙江”品牌，绘就无废风尚、无废文艺、无废城乡、无废共富的生动图景，让“无废”融入生产生活，成为浙江提升文明素养、提高精神境界的重要内容。发挥数字化改革先行的优势，进一步推动固废领域监管系统的业务融合、数据共享，实现整体智治、大成集智，推进固废领域数字生态文明建设。

3.2.3 聚焦三个方向

一是提高“含绿量”，鼓励企业采用清洁生产技术，减少生产过程中的资源消耗和固体废物排放。推广绿色建筑设计与改造，在城市建设和改造过程中融入绿色建筑理念。推动“无废”理念贯穿城市规划发展，推动城市基础设施建设有机更新，推进城市绿色空间和蓝色空间、城市自行车道、集中式管道垃圾回收系统等城市基础设施建设，从源头减少固废产生量。

二是减少“含碳量”，优化能源结构，推动能源供应侧的清洁转型。在交通、建筑、工业等领域推广节能减排技术。倡导绿色低碳生活方式，鼓励选择公共交通、骑行或步行，以及参与碳补偿活动，探索建立固体废物资源化碳减排省域碳普惠交易机制。

三是增加“循环量”，建立和完善垃圾分类收集、运输和处理体系，提高分类准确率。发展循环经济产业园区，推进“无废园区”“无废集团”建设，支持废弃物资源化利用项目。鼓励企业和行业之间建立废弃物交换和再利用的合作机制，形成产品设计、生产、消费到回收的闭环链条。

3.2.4 坚持四个导向

一是坚持群众导向，即要广泛听取群众的意见和建议，积极谋划一批与群众切身利益相关的举措，持续开展“无废城市”建设满意度调查，推动“无废城市”建设决策能够切实反映群众的迫切需求和愿望，让群众可感可知，切实提升群众的获得感和幸福感。

二是坚持问题导向，即要把解决群众反映强烈、对环境影响较大的突出问题作为攻坚重点，持之以恒完善工作举措，切实推动解决一些突出问题。如中央生态环境保护督察通报的建筑垃圾处置（利用）问题解决就需要多部门协同、健全机制、持续发力。

三是坚持目标导向，就是要优化“无废指数”，建立完善的评估机制，定期对“无废城市”建设的进展和成效进行评估和反馈，确保“无废城市”建设的各项措施得到有效实施，并取得预期的效果。

四是坚持效果导向，就是要给地方留有空间，鼓励结合实际调整和优化“无废城市”建设的策略和措施，确保“无废城市”建设与地方经济社会发展相契合。

3.2.5 塑造五个品牌

一是打造“浙里无废”文化品牌。通过传统文化、艺术表达、地方特色、教育、社区活动等多种形式，让“浙里无废”成为一种文化习惯。重点打造 20 个“无废商业街区（商圈）”以及 10 个历史文化街区，使中国式“无废城市”建设在现代化大都市建设中绽放异彩，在建设具有时代特点的新文化中彰显特色，为建设中华民族现代文明作出新的更大贡献。办好“无废创意大赛”“3 · 30 国际无废日”“3 · 30 无废景区免费开放”等品牌活动，提高公众对“无废”理念的认知和参与度。绘制“无废浙江”全景地图，重点打造若干条“无废城市”建设精品体验带。推动建设一批“无废城市”建设展览馆（实践基地），全面展示浙江省“无废城市”建设的历程和取得的成效，开展“无废”理念的宣传。

二是打造“浙里无废”产业品牌。通过“无废集团”“无废产业”“无废经济带”建设，让“浙里无废”助推产业高质量发展。以百强民营企业为重点，以点带面推进“无废集团”建设，推动绿色低碳工艺技术改造和集团内固体废物循环利用。结合浙江块状经济特点，紧密结合“415X”先进制造业集群建设整体布局，统筹谋划部署工业固体废物的综合利用企业，全力推动产业的“无废化”转型，打造“无废经济带”，助力提升先进制造水平。支持国内资源循环利用企业“走出去”，为建设绿色丝绸之路作出积极贡献。

三是着力打造“浙里无废”科技品牌。依托省环科院，联合浙江大学、浙江环保产业协会等，建立“无废城市”建设技术研究示范推广平台，每年组织开展一批重大科研攻关项目，征集一批具有先进典型性的技术和科研成果，通过召开“无废城市”建设技术交流会等形式，推广应用先进技术，全面提升“无废城市”建设科技水平。

四是打造“浙里无废”监管品牌。强化固体废物污染环境防治信息化监管，推进固体废物全过程监控和信息化追溯。推进人工智能与“无废城市”建设的结合，利用现代信息技术提高固体废物管理的效率和智能化水平，实现资源的最大化利用和环境影响的最小化。持续迭代“天眼清废”应用，利用卫星遥感等技术建立固体废物露天非法堆放（处置）问题排查整改的闭环管理机制，让群众身边的环境更加整洁。

五是打造“浙里无废”党建品牌。充分发挥党建引领作用，争取省直机关工委的支持，将“无废城市”建设纳入基层党建工作重点，每年设计一些活动载体，让党员更多参与到无废宣传、无废创意、无废建议等工作实践中，引领和推动无废城市在基层落地。拓展与宣传部门、机关工委、工青妇、媒体、行业协会及社会组织等的“无废”联动，组建一支“无废城市”建设志愿队伍，形成全民共建共享的浓厚氛围。

3.2.6 推进六项行动

一是健全“无废城市”建设一体推进机制。推动“无废城市”建设纳入“党政同责、一岗双责”，推动各级党委和政府主要负责人每半年至少研究一次“无废城市”建设工作，其他有关领导成员在职责范围内承担相应责任。强化“无废城市”建设目标评价及考核结果运用，将“无废指数”作为美丽浙江考核和省委综合考核的重要内容，进一步提高指数的考核比重。以贯彻落实省固废条例为抓手，积极争取各级人大及其常委会的支持，进一步强化“无废城市”建设落实情况的监督。建立“无废指数＋清单”季度调度分析机制，强化主要指标晾晒，形成“无废城市”建设与共同富裕先行示范区建设、减污降碳协同增效、废弃物循环体系构建、垃圾分类和“千万工程”等深度融合、协同推进的工作局面。

二是实施“无废城市”建设共建共享行动。加强与长三角地区“无废城市”建设的共建共享，推动出台实施方案，建立跨区域的结对帮扶机制，抓两头带中间，实现全面提升和全面跃升。鼓励先进城市与后进城市之间分享经验、技术与资源，推动区域间均衡发展。省级层面从政策制定、资源配置、监督评估等方面给予支持和指导，确保结对帮扶工作能够精准对接需求、高效实施。

三是实施“无废城市”建设提质增效行动。谋划实施“人工智能＋无废城市建设”工程，部署推进一批高技术、高效能、高水平的重大项目，提升“无废城市”建设的现代化水平。建设国家级危险废物区域处置中心，持续深入开展危险废物规范化环境管理评估，推进各类固体废物处置设施提档升级，推动规模化建筑垃圾资源化利用示范项目和农业固体废物收贮中心建设。持续深入开展危险废物“趋零填埋”攻坚行动，生活垃圾分类处理率达到 90% 及以上。

四是实施“无废城市”建设改革深化行动。开展危险废物闭环监管“一件事”改革实施情况总结，修订更新危险废物经营单位分级评价标准、危险废物利用处置项目清单，积极探索推进排污许可证与危险废物经营许可证“两证齐发”。加大资源综合利用产品的政府采购支持力度，强化对固体废物环境保护税的征收管理，提升减免税享受便捷化、智能化水平，加快转型升级，实现绿色发展。设立“无废城市”建设专项资金，探索开通“无废城市”建设绿色金融通道，提供信贷支持和金融服务，解决固体废物污染防治领域资金短缺问题。

五是实施“无废城市”建设监管提升行动。扎实做好中央生态环境保护督察反馈固体废物领域问题整改工作，在废矿物油和废酸利用处置等领域开展专项整治，形成技术规范、健全监管机制，努力将短板变成样板。巩固深化工程渣土处置领域专项治理成果，严格落实源头管控规范、途中运转规范、消纳处置规范、执法监管规范的治理全程闭环监管机制。积极推广“以竹代塑”、外卖塑料“零废弃”等经验做法，加强塑料废弃物再生利用。

六是实施“无废城市”建设国际影响力增强行动。加强与巴塞尔公约亚太中心等机构的合作，大力支持固体废物管理与技术相关国际会议在浙江举办，积极争取联合国可持续公共采购计划（SPP）秘书处落户浙江。鼓励浙江相关城市与国外相关城市围绕国际“无废城市”建设开展交流，进一步提升我国城市在“无废城市”建设中的影响力和辐射力。依托省环科院，积极争取生态环境部固体废物与化学管理技术中心、高校、企业等科研资源的支持，着力打造“无废城市”建设研究联盟，每年形成一批理论成果和经验总结成果。

CHAPTER 4

地方优秀经验

4.1 杭州市——深化全域“无废城市”建设 强化固体废物综合治理

4.1.1 建设概况

自国务院办公厅发布《关于印发“无废城市”建设试点工作方案的通知》（国办发〔2018〕128号）以来，杭州市委、市政府坚决贯彻党中央、国务院和省委、省政府决策部署，于2020年全面启动“无废城市”建设。立足经济总量大、人口规模大、固体废物产生量大的实际，以工业固体废物、危险废物、建筑垃圾、生活垃圾、农业废弃物等五大类固体废物为重点，深入推进减量化、资源化、无害化三大攻坚工程，积极探索构建“多元共治、绿色循环、智慧监管、创新示范”的“无废杭州”新模式，取得了明显成效。2023年率先通过浙江省四星级“无废城市”建设评估，成功夺得浙江“无废城市”清源杯，2024年高规格举办浙江省“国际无废日”主题活动，“无废城市”建设经验在全国“无废城市”建设工作推进会上作了交流，“无废亚运”创建做法被生态环境部转发全国学习推广，在泰国曼谷召开的第43届亚奥理事会全体代表大会上，杭州亚组委被授予“体育与环境奖”。

4.1.2 主要做法和成效

（1）坚持系统谋划、完善组织体系

先后制定两轮“无废城市”建设工作方案和实施方案，制定任务清单、责任清单、指标清单、项目清单“四张清单”，明确60项建设指标、44项重点任务和26项保障任务。坚持清单化管理、项目化推进、多元化参与，落实帮扶指导、督查通报、宣传引导等工作机制，并纳入市综合考评，推动压力传导到位、责任落实到位。积极鼓励社会资本进入固体废物治理领域，培育形成虎哥、申能、富伦等一批龙头企业，为推进“无废城市”建设提供有力保障。

（2）坚持协同推进、加快能力建设

聚焦减量化、资源化、无害化，全面提升固体废物治理能力。在源头减量方面，以低碳园区、无废工厂和生活垃圾分类示范创建等为抓手，全方位推进固废源头减量。与2021年相比，2024年在经济总量和人口数量大幅增长的情况下（图4-1），一

般工业固体废物产生量、生活垃圾清运量、农药施用量均有明显下降。在循环利用方面，累计建成一般工业固体废物分拣中心 43 个、危险废物小微收运点 12 个[1]；2024 年累计建设再生资源标准化回收网点 2 767 个，累计提升建设分拣中心 48 个，创建再生资源绿色分拣中心 5 座。全市“互联网 + 再生资源回收”模式社区覆盖率达 95.5%、乡村覆盖率达 63.8%，建筑垃圾综合利用率达 97.99%，生活垃圾回收利用率达 67%[2]，废旧农膜回收率达 94.3%，秸秆综合利用率达 97.83%[3]（图 4-2）。在无害化处置方面，累计投入 120 余亿元，建成固体废物利用处置项目 80 余个，实现工业固体废物处置能力 500 万 t/a[4]，生活垃圾设计处置能力 610 万 t/a[5]，医疗废物、病死畜禽等无害化处理率达 100%。2020 年，杭州在副省级城市中率先实现原生生活垃圾“零填埋”。2021 年危险废物填埋率降至 3.1%，2024 年危险废物填埋率降至 2.29%[6]（图 4-3），在浙江省率先实现“趋零填埋”。

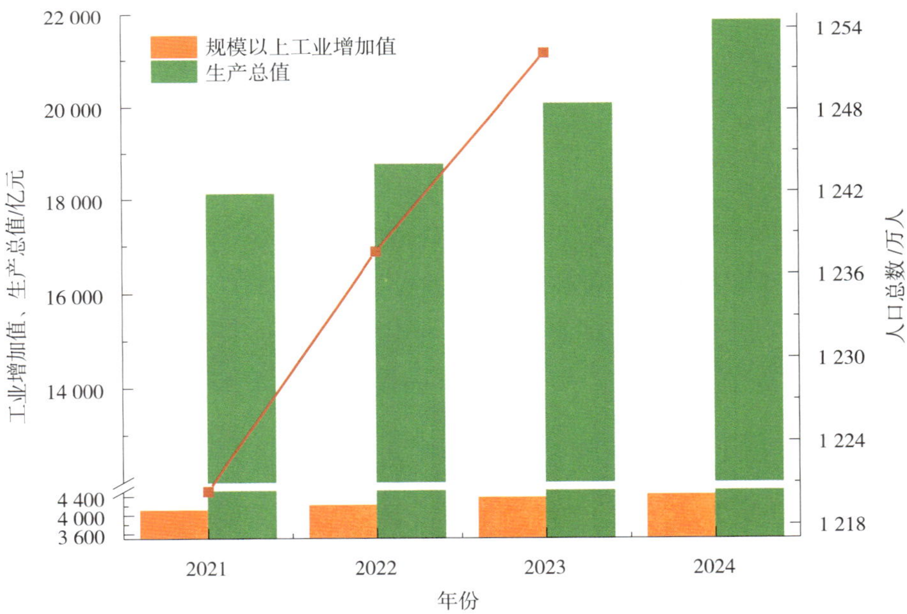

图 4-1　2021—2024 年杭州市经济总量及人口总量变化情况[7]

[1] 数据来源：杭州市生态环境局。
[2] 数据来源：杭州市商务局。
[3] 数据来源：杭州市农业农村局。
[4] 数据来源：杭州市生态环境局。
[5] 数据来源：杭州市综合执法局。
[6] 数据来源：浙江省固体废物监管信息系统。
[7] 数据来源：杭州市人民政府网站（注：2024 年杭州市人口总量数据未公布）。

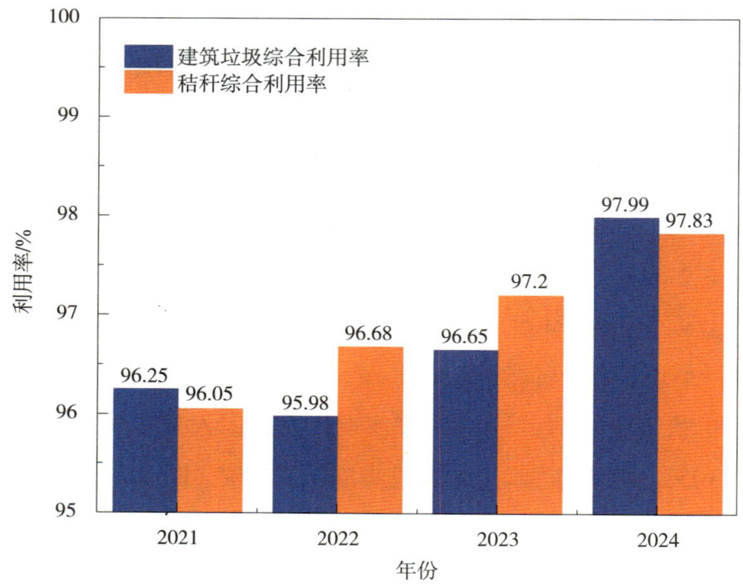

图 4-2　2021—2024 年杭州市建筑垃圾及秸秆综合利用率变化情况

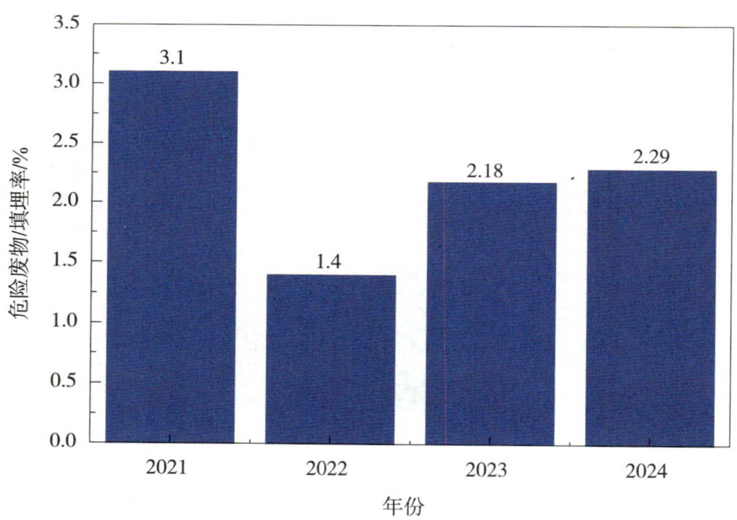

图 4-3　2021—2024 年杭州市危险废物填埋率变化情况

（3）坚持部门联动、提升监管水平

深入开展联合执法、专项执法，严厉打击各类违法行为。2024 年全市各部门开展专项联合执法 250 余次，侦破涉固体（危险）废物非法处置案件 15 起，采取刑事强制措施 43 人，涉固体（危险）废物刑事案件查处率达 100%。办理环境类行政拘留

案件 34 起，行政拘留 34 人。获评省标案件 3 起[1]。着重强化危险废物监管坚持从严从紧，深入开展涉危危险废物专项执法行动，2021 年查办“4 · 26”特大废矿物油环境污染窝案，办理刑事案件 26 个、采取刑事强制 85 人，得到生态环境部主要领导的批示肯定。深入推进建筑垃圾治理协同，2024 年合计办结建筑垃圾执法案件 3 396 件、罚款 5 697 万元。加强区域协作，落实长三角“三省一市”建筑垃圾联防联治、“杭嘉湖绍”兄弟城市执法监管协作等工作机制。

（4）坚持全民参与、广泛宣传发动

倡导“无废”理念先行、全民自觉参与。大力倡导简约适度、绿色低碳的生活方式和消费模式，推动形成全民参与、共建共享的“无废”氛围。①加强宣传引导，让“无废”理念深入人心。打造集“台、报、网、屏”于一体的“无废”宣传矩阵，累计在市级以上媒体开展专题宣传 1 100 多次，依托公交地铁、户外大屏等平台，播放公益广告 2 万余次，被《人民日报》、新华社、中央广播电视总台等央媒报道 70 多篇。向市民发布“无废亚运”公众十条，央视《新闻调查》播出“无废城市，无废亚运”纪实片，央视外语频道推出“无废亚运”专题报道，让“无废”理念走进千家万户。②强化辐射引领，让“无废”细胞复制推广。广泛开展无废工厂、无废酒店、无废景区等“无废城市细胞”创建，累计建成各类“无废城市细胞”2 900 余个[2]，不断延伸“无废”触角，为全域推进“无废城市”建设提供基础支撑。在滨江春晖小学召开全市“无废学校”建设现场推进会。春晖小学是杭州“无废学校”的典型代表，受到生态环境部郭芳副部长的表扬，要求生态环境部总结提炼他们的经验做法。一是他们自己编写了全国首套“无废课程”，将“无废”理念融入教书育人全过程，帮助学生从小就播下“无废”种子；二是通过“无废”实践活动，不断培养学生的“无废”理念；三是通过“小手拉大手”，带动更多家庭参与“无废城市”建设。③倡导绿色低碳，让“无废”生活成为时尚。积极推广“光盘行动”“无瓶行动”，在杭州电子科技大学开展外卖塑料“零废弃”试点，深化塑料污染源头防治和全链条治理。积极推广“无废驿站”，逐步实现“绿色物流”，提高绿色包装材料占比，争取到 2025 年可循环快递包装应用规模达 10 万个以上，快递行业废弃包装产生量实现“零增长”。高规格举办浙江省“国际无废日”主题活动，通过开展“无废”作品展览和互动体验活

---

[1] 数据来源：杭州市公安局。

[2] 数据来源：“浙里无废”信息系统。

动，现场参与人次超过 1.1 万，央视新闻频道、央视频等多个平台同步直播，全网累计观看量约 100 万人次。

4.1.3 特色亮点

（1）首创“无废亚运”，做精“无废”赛事，讲好“无废”故事

自成功申办第 19 届亚运会以来，杭州市坚持以习近平生态文明思想为指引，全面贯彻绿色办赛要求，将“无废”理念融入赛事筹办全过程和各领域，深入开展“无废亚运”创建行动。

印发两轮“无废亚运”行动方案，坚持把源头减量作为“无废亚运”创建的核心，亚运场馆能改不建、设施设备租赁共用、亚运生活简约低碳、废旧物料能用尽用，全方位推进固体废物源头减量、循环利用和无害处置。新改建工程建筑垃圾资源化利用率超过 95%。杭州亚运村二星级及以上绿色建筑比例达 100%，达到三星级标准的超过 50%，生活垃圾回收率达 74.8%，易腐垃圾资源化利用率和医疗废物无害化处置率均为 100%。

积极宣传引导“光盘行动”等成为市民自觉习惯。开（闭）幕式后，观众随身带走垃圾，场馆干净整洁，体现公众“无废”素养。指导亚运场馆、接待饭店等单元开展“无废亚运细胞”创建，分类设置建设标准、举办专题培训，建成“无废亚运”场馆 39 个、饭店 83 家，基本实现全覆盖。“无废亚运”出圈引发媒体高度关注

图 4-4 浙江工商大学体育馆

和广泛报道，亚运场馆旧地板重获新生（图 4-4），“无废亚运”加油鸭一“鸭”难求（图 4-5），外国运动员为获取“无废”奖品而“蹲守”矿泉水瓶。形成具有杭州辨识度和世界影响力的“无废亚运”标志性成果，得到国际奥委会主席巴赫点赞。“无废理念”深入人心，“无废”办赛成果显著，“无废”产业随赛发展，“无废”故事广为传播（图 4-6）。充分展示习近平生态文明思想的实践成果，展示中国“无废城市”建设的显著成效。

图 4-5 “无废亚运”加油鸭

图 4-6 “无废亚运”报道

（图片来源：CCTV13 新闻调查栏目）

（2）探索再生资源回收利用新模式，为共同富裕注入绿色新动能

杭州市深入学习贯彻习近平生态文明思想，以“无废城市”建设为抓手，聚焦生活垃圾分类利用、废旧家电处置、垃圾焚烧处理等环节，打造以创新型再生资源回收

企业“虎哥”为代表的“杭州模式”，全链条建立再生资源回收利用体系，“虎哥数字城市生活垃圾治理服务”成功入选生态环境部“无废城市”建设先进适用技术，为建设美丽中国、推进共同富裕贡献杭州智慧和力量。

针对传统资源回收量大、面广、分散的特点，成功探索出了一条“前端收集一站式、循环利用一条链、智慧监管一张网”的垃圾分类和再生资源回收利用的“虎哥回收”新模式（图 4–7）。通过精准到户的垃圾分类回收服务实现生活垃圾上门回收，惠及杭州、湖州、衢州、绍兴、温州等 5 市 9 区县超过 106 万户城镇居民，实现了“虎哥”居民碳账户超过 188 万个。配置高效能、细分配的 3 万 m^2 的分拣中心，成功实现日均垃圾减量约 250 t，资源化利用率达 97% 以上，无害化处置率达 100%。

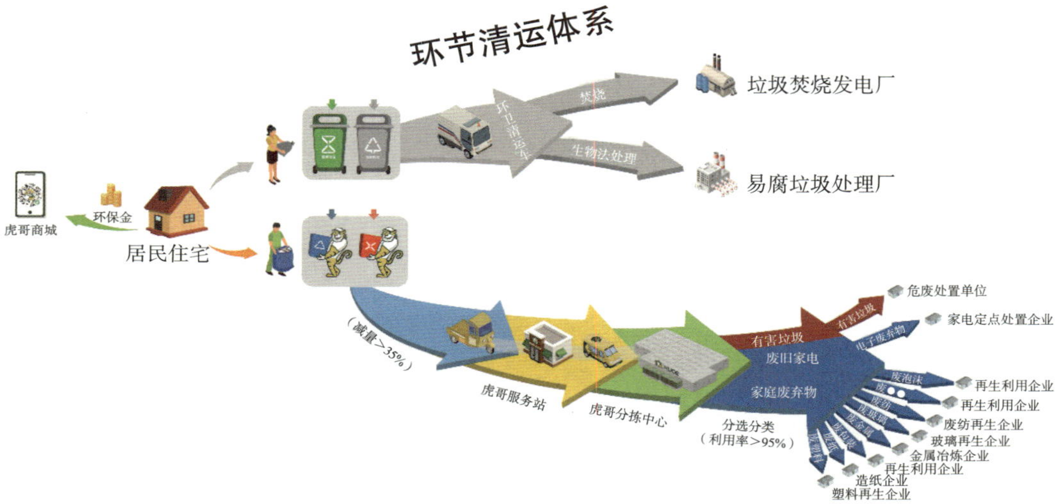

图 4–7　虎哥垃圾分类资源化利用体系

高度激发全民参与热情，将“变废为宝”的再生资源按照“环保金”返利给居民，居民可随时提现或网上兑换商品，增加居民体验感和获得感。截至 2024 年 9 月已累计向浙江省覆盖范围内的居民发放“环保金”2.9 亿元，居民兑换 2.61 亿元，兑换率达 90%。并以“环保金”为纽带，向城市居民提供浙江省山区 26 县、四川省西部 68 县等“百县千品”农副产品，拓宽农副产品销售渠道，“虎哥商城”已引进料油调味、家禽蛋肉、地方特产等农副产品 1 024 种，浙江省居民兑换商品金额累计达到 1.85 亿元，将城市居民与山区农牧民有效连接，以“民帮民”的模式促进跨区域共同富裕（图 4–8）。

图 4-8 虎哥商城助农共富

4.2 宁波市——精准施策系统治理 奋力打造全域“无废城市”建设样板

4.2.1 建设概况

近年来，宁波坚持以习近平生态文明思想为指导，深入贯彻落实国家和省全域“无废城市”建设的决策部署，切实围绕“减量化、资源化、无害化”要求，全方位推动固体废物源头有效减量，多领域拓宽固体废物利用处置途径，深层次筑牢“无废城市”建设保障体系，广范围引导全民践行“无废”理念，凝心聚力擘画“无废城市”建设宏伟蓝图。市政府成立工作专班，建立调度通报等 8 项工作推进机制，出台生活垃圾、建筑垃圾、再生资源等 3 部固体废物地方性法规，浙江省首发区县级“无废指数”，连续 2 年落实 3 800 万元省级星级“无废城市”奖补资金。

在全面推进“无废城市”建设的探索与实践中，宁波走出了一条“一体共融、高效协同、精准智治、共建共享”的“无废城市”建设之路，取得了一系列成效。宁波制造业单项冠军企业数位居全国第一，国家级绿色工厂数量位居全国副省级城市第二，垃圾分类整体工作位居全国大城市首位，成功入选首批国家废旧物资循环利用体系建设重点城市、“十四五”时期“无废城市”建设试点城市，获评浙江省首批四星级“无废城市”，众多宁波特色“无废城市”实践入选国家、省级典型案例。

4.2.2 主要做法和成效

（1）加快工业绿色低碳转型

宁波是世界著名港口城市和全球制造创新中心城市，宁波舟山港货物吞吐量连续 15 年位居全球第一，宁波第二产业发达，年规模以上工业总产值达 2.43 万亿元，大港口、大工业、大石化、大物流等工业城市特征突出，危废、固废产生强度高，无废城市建设压力大。近年来，宁波多措并举，加快工业绿色低碳转型，深入推进工业固废源头减量。

一是推动产业结构优化升级。着重布局以“大优强、绿新高”为导向的“361”万千亿级产业集群，分行业开展产业集群绿色化诊断，大力推动减污降碳、安全生产等技术改造，实现年固废减量超 40 万 t，绿色石化产业获评国家先进制造业集群。

二是深化绿色制造体系建设。全面实施规模以上制造企业绿色化改造全覆盖行动，大力推进绿色制造梯度培育和服务体系建设，赋能新型工业化。截至 2024 年底，累计创建国家绿色工厂 121 家、绿色工业园区 4 家、绿色供应链管理企业 16 家，数量居全国前列，完成规模以上制造企业绿色化改造企业达到 5 033 家，覆盖率达 48.3%。

三是大力发展循环经济产业。完善以电厂粉煤灰、钢厂冶炼废渣等大宗固废综合利用为重点的循环型产业链，年产 1 400 多万 t 的大宗固废实现全量利用（图 4-9）。打造前湾新区汽车拆解循环经济示范园区，推动车用动力电池等重要零部件梯次利用。破解钛白粉行业循环利用难题，年产 40 万 t 的钛石膏副产品实现全量利用。

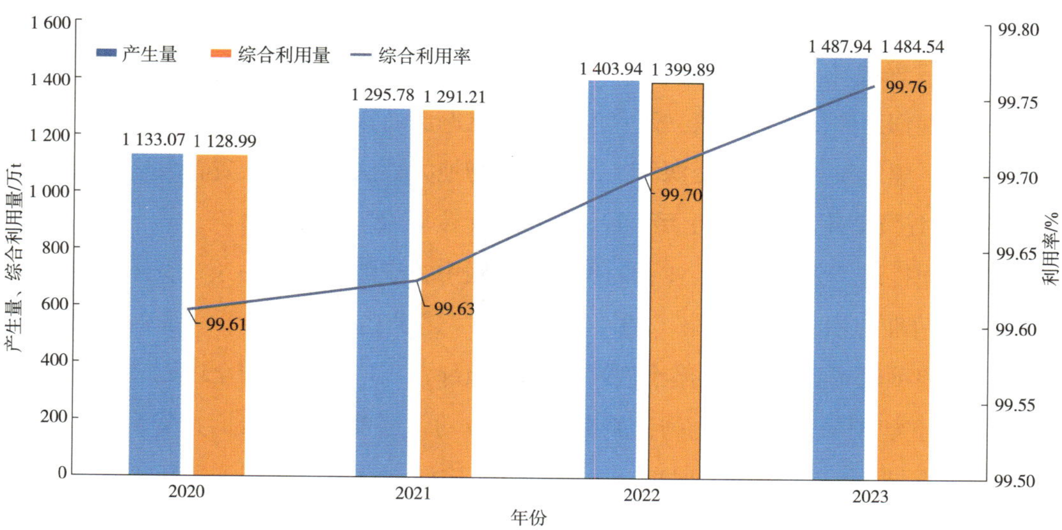

图 4-9　2020—2023 年宁波一般工业固体废物产生及综合利用情况

（2）打造垃圾分类“宁波模式”

作为全国首批46个垃圾分类试点城市之一、国内首个利用世界银行贷款进行生活垃圾分类的城市，宁波自2013年启动生活垃圾分类工作以来，实现了从1.0版德治普及、2.0版法治管理到3.0版智治赋能的蝶变跨越，成为全国各大城市中的“优等生”。

一是精细化管理，构筑分类闭环。全市生活垃圾处理设施共16座，总设计处理能力每日超1.5万t，实现生活垃圾设施集约化处理县县全覆盖。全面推行“五定式”收运模式，农村推行“村收、镇运、县处理”生活垃圾治理模式。构建“五位一体”协作模式，打造了一批“零碳垃圾房、朝花夕拾”等分类投放精特亮样板工程，全面提升市民分类投放体验感。

二是专业化建设，探索智慧分类。按照“一类一标准一体系”原则，打造“4+3”大分流体系，在全面推行四类生活垃圾定时定点智慧收运基础上，不断完善装修（大件）、园林垃圾及一般工业固废协同处置体系。首创宁波特色智慧回收模式，建立“全品类、全区域、一体化＋公共服务”回收模式，打造再生资源全品类回收、分拣、运输、循环利用“一条龙”服务体系。

三是数字化引领，走出智治之路。构建“1+4+9+N”垃圾分类监管服务系统，通过市、区、镇街、村社、小区五级管理联动，打造“分级管理、数据互联、过程上链、统一智治”的垃圾分类治理宁波模式。聚焦九大类垃圾，突出源头、收运、中转、处置四个关键环节，广泛运用物联网、云计算、AI等技术，实现垃圾分类一网统管、掌上监管。深化数据“聚、通、用”，逐步形成“平台支撑、数据智治、服务惠民、监管共治”的整体治理格局。2020—2023年宁波市生活垃圾产生及处置情况见图4-10。

（3）创新建筑垃圾处置“宁波解法”

随着城市化进程的不断加快，与大量基建工程相伴而生的建筑垃圾“产量”激增。建筑垃圾处置，是“无废城市”建设的重要一环，是新型城市化进程中亟待处理的难点和堵点。近年来，宁波市创新实施建筑垃圾处置“宁波解法”，逐步实现从“乱”到“治”、从“治”到“智”的全面转型。

一是利用立体化设备，实现数字管控。运用视频设备、地磅设备、电子围栏技术等手段，实行立体化全方位源头监控，保障建筑垃圾合法合规处置。

二是利用动态化数据，实现实时监控。依托车载智能装置设备回传的数据，实现对作业车辆的分布和流向实时在线监控、轨迹溯源，强化对偷乱倒等违法行为的监管支撑。

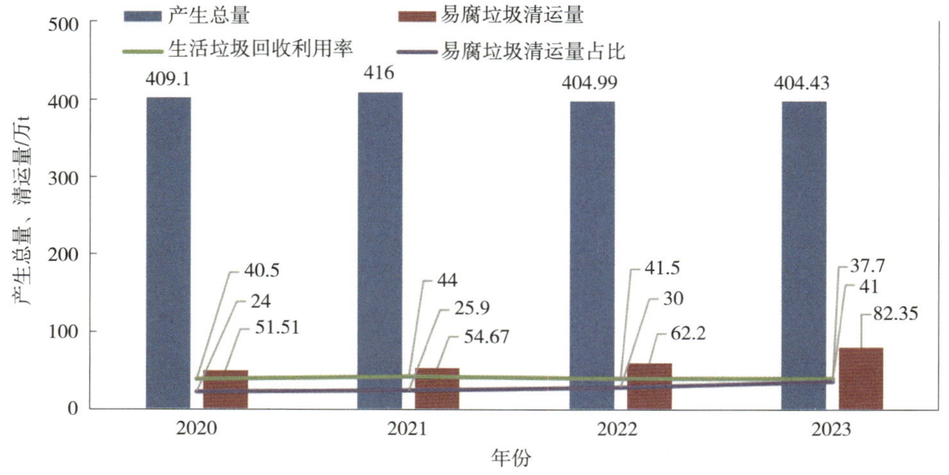

图 4-10　2020—2023 年宁波市生活垃圾产生及处置情况

三是利用智慧化分析，实现线索推送。通过数据筛选、过滤，实时生成建筑垃圾运输处置信息，智能提醒工地超许可量、处置场地满溢等问题，自动推送未审批等违法违规行为，辅助执法部门督查、巡检及取证。

四是利用数据化共享，实现多跨协同。围绕核心任务，强化多部门数据协同管理，构建监管执法、服务企业、精准治理各业务模块相互连接和耦合的全周期闭环管理机制，实现建筑垃圾处置“一网通管”“全民共管”。

2020—2023 年宁波建筑垃圾产生及综合利用情况见图 4-11。

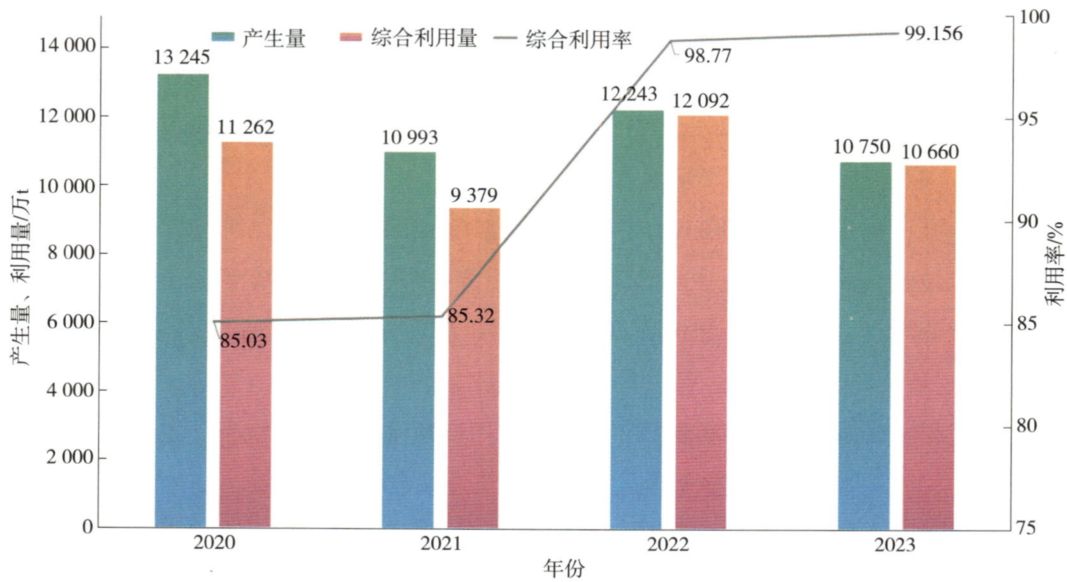

图 4-11　2020—2023 年宁波市建筑垃圾产生及综合利用情况

4.2.3 特色亮点

（1）协同增效，开展“无废石化基地”建设

镇海炼化创新开展“无废石化基地”建设（图 4-12），打造“危险废物处置设施共享、‘点对点’定向处置利用豁免管理”先行示范模式，推进创建减污降碳标杆企业。

图 4-12　镇海炼化公司装置设备

一是构建基地内部 10 余套危险废物利用处置设施共享网络。以基地固体废物利用 / 处置设施资源整合和现状评估结果为基础，坚持危险废物就近处置原则，对环境风险可控、合理运距范围内的基地成员企业产生的危险废物转移至基地内设施利用处置。探索将大风江宁公司的高含磷废水回用至镇海炼化 POX 装置替代磨煤水，有效减少了新鲜水使用量和废水处理量。

二是推进基地内部多种危险废物“点对点”定向利用处置豁免管理。打造“危险废物处置设施共享、‘点对点’定向处置利用豁免管理”先行示范模式。镇海炼化公司对中海石油宁波大榭石化有限公司产 DCC 装置平衡剂“点对点”定向利用，每年减少全市危险废物处置量 1 500 t 左右，直接为企业带来经济效益数千万元，助力生态环境保护和经济发展同向发力。

三是创新危险废物利用处置共享能力及管理机制建设，开展危险废物利用处置共享能力评估。开展“无废石化基地”一般工业固体废物管理制度研究，策划开展全国

首个“无废石化基地固废管理平台”建设工作，以实现固体废物基地内溯源监控、收集、转移和处置环节全流程信息化及可视化，实现动态监管（图 4-13）。

图 4-13 “无废石化基地”航拍图

（2）党政同抓，打造“无废城镇”建设样板

慈城镇创新打造党建引领的“无废城镇”建设品牌，高标准打造全市首个“无废城镇”建设慈城样板，大力助推生态文明建设。

一是党委挂帅，全面构建建设工作体系。慈城镇全面构建“党委挂帅、政府主导、企业主体、全民参与”的“无废城镇”建设工作体系，印发“无废城镇”建设实施方案。镇党委书记亲自主抓，每月召开专题会议研究部署（图 4-14），形成“比学赶超，争创一流”的工作格局。

二是项目支撑，夯实固体废物“三化”大建设。慈城镇大力推进年处理能力 10 万 t 的装修（大件）垃圾、一般工业固废等多类固体废物分类处理中心建设；创新开展村级小微企业一般工业固体废物团购服务，具有良好基层实践效果；数字赋能大提升，实现乡村生活垃圾智能化管理。

三是智慧监管，保障“无废城镇”工作成效。以“大综合一体化”行政执法改革为契机，慈城镇将保障“无废城镇”建设工作列为一项重要内容，提升固废领域主动发现问题能力建设，用严密基层执法监管促进固废产生、贮存、转移、利用和处置等各环节的工作成效。

图 4-14 “无废城市”建设工作部署会

4.3 嘉兴市——实干争先 提质扩面 深化全域“无废城市”建设

4.3.1 建设概况

作为浙江省首批“无废城市”及全国“十四五”时期试点城市，嘉兴市自 2020 年启动全域“无废城市”建设以来，以“全链条管控、全要素赋能、全社会共建”的实践路径，实现工业固废 100% 收集、生活垃圾 100% 非填埋、危险废物 100% 安全处置的“三个百分百”目标，全方位推进全域“无废城市”建设提档升级，用无废之笔勾勒生态之美，以创新之钥开启转型之门，领航绿色发展新篇章，全力打造美丽中国建设的“江南样板”。

2023 年嘉兴市成功通过首批四星级“无废城市”建设评估，是浙江省唯一升星地级市，下辖 2 个区县获评四星，3 个区县获评三星。截至 2024 年底，全市共培育“无废城市细胞”1 900 余个，6 个企业集团、2 个商业街区入选省级培育名单，桐昆集团上榜工业和信息化部、生态环境部“无废企业”典型案例，2024 年全市危险废物填埋率 1.12%，为全省最低（2020—2023 年“无废城市”相关指标见图 4-15）。“禾小微”平台获生态环境部黄润秋部长点赞，危险废物创新全周期闭环监管模式得到胡伟副省长批示肯定，“嘉家收”废旧商品回收做法、“无废”创建成果共享工作两次入选生态环境部工作简报。

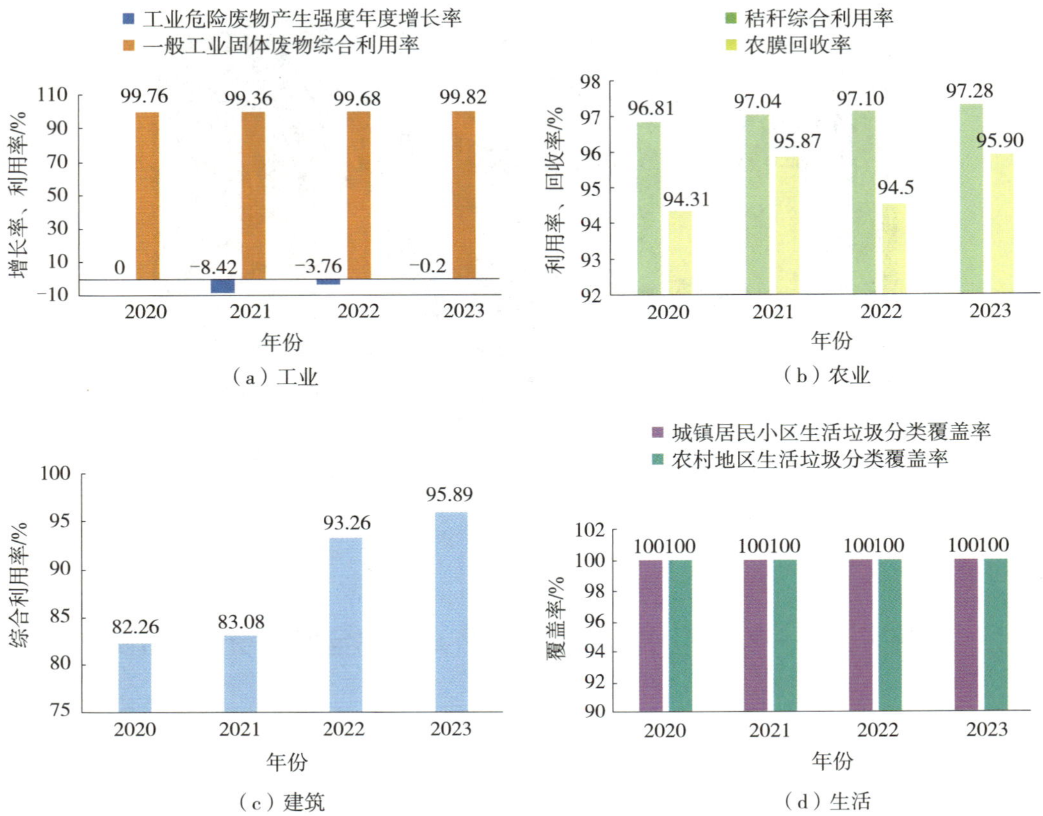

图 4-15　2020—2023 年嘉兴市“无废城市”相关指标

数据来源：一般工业固体废物和危险废物数据由嘉兴市生态环境局提供；工业增加值由嘉兴市统计局提供；秸秆和废弃农膜数据由嘉兴市农业农村局提供；建筑垃圾和生活垃圾数据由嘉兴市建设局提供。

4.3.2　主要做法和成效

（1）统筹谋划，构建全域协同治理新格局

一是三级联动完善顶层设计。建立“双创联动”工作机制，将“无废城市”建设与生态文明示范市创建深度融合。成立由市、县党政领导挂帅的实体化工作专班，形成“1+4+7”（1 个总体规划 +4 大领域方案 +7 个区县实施方案）政策体系。创新建立“四张清单”动态管理机制，明确责任部门、任务节点、验收标准和奖惩措施，实现全周期闭环管理。

二是跨域协作突破行政壁垒。依托长三角生态绿色一体化发展示范区，建立“三地协同”治理模式。嘉善、青浦、吴江联合编制《长三角生态绿色一体化发展示范区

"无废乡村"建设指南》，平湖—金山组建实体化联合执法队实现固废跨界监管，协同消除交界区域环境安全隐患。

三是多维联动凝聚治理合力。首创"1+N"协同培育机制，生态环境、妇联、科技等部门联合，创新推出创建"无废家庭""无废实验室"。多部门联合构建动物医疗废物"五统一"管理模式，实现全市动物医疗废物规范化处置全覆盖。

（2）精准施策，打造固废治理现代化体系

一是强化危险废物全链条监管。开展危险废物规范化环境管理评估，持续推动危险废物利用处置行业提档升级，嘉兴市固体废物处置有限责任公司获评"全省首批危险废物利用处置领跑企业"。

二是创新农业固废治理模式。推进秸秆多元化利用，平湖市成功申报全国农作物秸秆综合利用重点县，嘉善县"微秸宝"秸秆堆制有机肥模式、平湖市秸秆机械化离田增值利用模式、桐乡市农作物秸秆"三新"利用综合模式入选全省十项典型模式。

三是重塑生活垃圾治理生态。调整完善城乡生活垃圾收运体系，制定分类运输能力平衡表，重点提升易腐垃圾运输能力，利用"时空平衡法"优化调整运输频次、时间和线路，提高运输效率，做到分类运输、实时跟踪、日产日清。

（3）创新驱动，培育绿色发展新质生产力

一是突破关键处置技术。创新一批固废资源化项目，惠禾源公司原创、国内首创的"飞灰水洗＋高温熔融"技术，提升嘉兴市飞灰综合利用能力，推动危险废物"趋零填埋"。爱拓环保在不添加燃煤等辅助燃料的前提下，成为全国首家以造纸废弃物作燃料发电的企业。

二是创新政策供给机制。率先发布《嘉兴市危险废物"点对点"定向利用许可证豁免管理实施方案（试点）》，破解跨区域协同难题。华友钴业"沉重渣"跨地市与衢州华友钴新材料开展"点对点"定向利用项目落地。发布首个"无废光伏"建设指南，构建光伏组件全生命周期管理体系。

三是构建数字治理矩阵。研发"禾小微"智慧管理平台，为小微产废企业危险废物管理植入"智慧芯"，驱动精细化管控，提升综合效能。紧扣源头、处置、过程、风险四大环节，危险废物关键数据全上"云端"，落实产废、运输、处置、追溯全流程规范，数据智能采集、全时监控、链条追溯，从源头斩断非法处置黑手。

（4）示范引领，构建全民共建共享新生态

一是深化示范创建工程。建设"无废城市细胞"24大类共1 900余个，6个企业集团、2 个商业街区（商圈）入选全省培育名单。桐昆集团上榜工业和信息化部、生态环境部“无废企业”典型案例（全国 19 例，浙江 2 例）。发挥城乡统筹“无废”建设特色，推动 5 个镇街积极开展“无废乡镇”建设。

二是创新公众参与机制。以“无废城市绿色未来”为主题，组织开展“国际无废日”主题活动，举行“无废商圈”党建结对仪式，组织党员深入商家开展无废宣传。发布《“无废嘉马”赛事行动方案》，将“无废”办赛理念贯穿嘉兴马拉松赛、第 20 届亚洲马拉松锦标赛全过程。

三是拓展“无废”宣传载体。串点成线发布覆盖全市各区县的 11 条特色“无废精品路线”，招募体验官开展精品路线体验之旅，组织“无废”探访 6 批。推动世界互联网大会实现各类固体废物减量、办会物资尽用，营造社会各方共建的浓厚氛围。

4.3.3 特色亮点

（1）“禾小微”开创危废治理新纪元

针对小微企业危险废物收集难问题，打造“禾小微”服务品牌，以“五统一”标准（统一经营管理、统一审批流程、统一建设标准、统一运行规程、统一监管方式）建成 7 个收集平台（图 4-16）。同步搭建“小微危废收集在线”应用场景（图 4-17），实现收运全过程数字化管控，解决小微产废企业危险废物点多量小、收运贮存难、管理风险高等难题，获省“无废城市”数字化改革首批试点场景第一。目前已服务企业 7 645 家，累计收集转移危险废物 4.2 万 t，实现危险废物管理全市域覆盖，使小微企业危废有归宿，环境安全隐患无遁形。相关做法写进生态环境部《生态环境发展报告》（总第 259 期），获生态环境部黄润秋部长批示“总结推广”。

图 4-16　嘉兴市“禾小微”统一收集平台

图 4-17 嘉兴市“禾小微”智慧管理平台

（2）“嘉家收”构建 15 分钟再生资源服务圈

推行“国资主导 + 社会协同”模式，因地制宜打造“嘉家收”再生资源回收品牌。按照“贴近实际、贴近生活、贴近群众”原则，以“用地集约化、生产清洁化”标准，推动现有集散中心机械化、智能化提升改造，打造成为功能健全、绿色安全的收运集散地，形成“6 大分拣中心 +23 个网点”的密集网络，涵盖七大类、26 小类可回收物，破解低小散、脏乱差、监管难、安全隐患大等难题，实现全品类应收尽收、居民投放和专业收集精准触达（图 4-18）。积极运用“互联网 + 废品回收”等创新服务模式，推动再生资源回收交易由线下向线上线下结合转型升级，减少回收环节，降低回收成本，提升再生资源回收效率。使再生资源回收半径从 20 km 缩短至 2 km，实现收运网络 15 分钟城乡全覆盖，废旧商品全品类应收尽收，让废旧物变身城市矿产，使循环链成为共富纽带。“嘉家收”年回收资源可减少碳排放 60 万 t，相当于 106 万亩[1] 植树造林项目一年产生的碳汇量。

[1] 1 亩≈666.67 m^2。

图 4-18 “嘉家收”再生资源回收网点

4.4 湖州市——坚持绿色发展 厚植“无废城市”底色

4.4.1 建设概况

“无废城市”建设是落实习近平生态文明思想的具体行动，是解决固体废物污染问题的治本之策，是建设美丽湖州、生态文明先行示范和共同富裕示范区的重要内容。开展全域“无废城市”建设以来，湖州市坚持以推动绿色生产生活为主线，创新环境治理模式，着力破解突出矛盾问题，持续开展了一系列卓有成效的改革示范，获批全国首个绿色建筑和绿色金融协同发展试点城市，全省率先实现省级减污降碳协同城市试点市、区、县全覆盖，全国率先实现国家生态文明建设示范区市、区、县全覆盖，是全球唯一的生态文明国际合作示范区。

2022 年 4 月，湖州市入选国家“十四五”时期“无废城市”建设名单，2022 年 12 月，由湖州市人民政府办公室印发《湖州市“十四五”全域“无废城市”建设实施方案》（湖政办发〔2022〕51 号），深化“十四五”“无废城市”建设，进一步强化优势长项、突破短板弱项，推动固体废物产生量有序减少，促进固体废物综合利用，无害化处置有效保障，推动减污降碳协同增效，着力打造优势突出的“无废城市”建设样板。

4.4.2 主要做法和成效

（1）持续坚持绿色发展，实现减污降碳协同全覆盖

结合“无废城市”建设，一体化推进工业、农业、生活绿色低碳发展，推动创成省级减污降碳协同城市试点 7 个，在全省率先实现省级减污降碳协同城市试点市、区、县全覆盖。一是持续绿色制造体系建设，着力工业领域减污降碳。持续推行绿色工业设计、开发绿色产品、建设绿色工厂、发展绿色园区、打造绿色供应链，协同“无废工厂”“无废集团”“无废园区”建设，推动资源和能源高效配置。“十四五”期间，推动实施 1 000 个节能降碳项目。二是倡导绿色生活方式，推动生活方式绿色化。在全国率先推出“绿色低碳生活指数”，发布实施全国首个《绿色生活评价通则》地方标准，2024 年湖州市绿色低碳生活指数 96.6，相较上年提升 2.4 点，连续 4 年持续上升，生活垃圾产生量连续 5 年保持负增长。持续推动绿色建筑发展，获批全国首个绿色建筑和绿色金融协同发展试点城市。三是发展生态循环农业，促进农业绿色低碳发展。大力推广生态种植、生态养殖，推进“肥药两制”改革提质扩面，推动建设生态养殖示范牧场和示范村、乡镇，着力建设生态养殖示范县，推动实现农业废弃物源头减量 10%～15%。

（2）深化生活垃圾“4+3+N”分类，实现精准分类全覆盖

深挖生活垃圾分类“绿色潜能”，全省率先实现生活垃圾分类城镇、农村全覆盖，生活垃圾分类工作在住房和城乡建设部考核评估中连续十个季度位列全国中等城市第一。一是顶层优化，让分类体系更加制度化。先后制定生活垃圾分类评价标准、差别化收费、计重收费等文件，全方位、多维度构建垃圾分类政策体系。在全国率先开展生活垃圾“计重收费”，以点带面推动“计重收费”模式转型。二是 AI 赋能，让垃圾投放更加精准化。针对部分居民分类不精准、参与意愿不高等问题，运用 AI 智能识别、红外线探测等先进技术，升级分类驿站智能化功能，目前 60% 以上已完成升级，全市 1 379 个居民小区“定时定点”分类全覆盖，投放正确率达到 95% 及以上。三是系统谋划，让末端处置更加匹配化。按照“末端先行、适度超前”原则，全市建成焚烧厂 4 座，餐厨垃圾处置厂 4 座，并配套建设大件垃圾、装修拆除垃圾和园林垃圾处置中心，生活垃圾分类处理率达 87%。建成全省首条装修和拆除垃圾综合利用生产线，装修垃圾再生利用率达到 90% 及以上。四是多点发力，让垃圾分类更加人性化。针对垃圾分类积分规则不一、兑换渠道单一等问题，建立生活垃圾分类积分全流程数

字化管理体系，实现积分“滚动有效”不清零。联合南太湖号、浙北汇生活等App拓宽“线上兑换”渠道，可将分类积分转换为电子货币等，提高居民分类积极性。截至2025年7月底兑换积分8 800.33万分，兑换金额达880.03万元，惠及30余万户居民。

（3）健全农业废物回收体系，实现资源利用全量化

聚焦农业生产生活全流程发力，实现化肥农药持续减量、秸秆粪污综合利用、废旧农膜再回收、病死动物无害化处置。一是持续肥药“进—销—用—回”闭环管理。深入推进“肥药两制”改革试点市建设，深化化肥农药减量。累计创建省级科学施肥示范15个、省级绿色防控示范推广基地10个。二是建立健全农业废弃物四类回收处理体系。按照“统一收集、集中处理”的要求，建有病死动物收集点21个、病死动物无害化集中处置中心1个；建成农药包装废弃物、废旧农膜区县级归集点6个、回收暂存点641个；建成省级标准化秸秆收贮中心11家、区域性收贮中心27家，实现区县收集服务全覆盖。三是持续推进农作物秸秆全量化利用。以秸秆全量化利用试点县创建为抓手，持续推广秸秆“五化”技术应用，全年农作物秸秆利用量利用率、离田率分别达97.83%、39.37%，在全省率先实现国家级秸秆综合利用重点县全覆盖。

（4）规范工业固废一体化收运，实现收集处置全管控

建立健全工业固体废物收集与监管体系，保障工业固体废物全面安全监管。一是创新固废收运机制，推动收集服务全覆盖。出台全省首个一般固体废物和危险废物收贮运一体化建设指导意见，着力解决小微固废处置运输成本高、处置难问题。目前全市建成一般固废收贮运一体化企业13家、小微企业危废收贮运一体化企业11家，实现区县和小微企业全覆盖。二是支持综合利用技术发展，推进危险废物填埋减量。支持湖州京兰环保有限公司研发成功国内首套飞灰低温热解资源化利用设备及工艺，2024年全市飞灰资源化利用率达92%以上，全市危险废物填埋占比下降至7.23%。三是深化数智改革，推动固体废物高效监管。持续推进“浙固链”数字化应用改革试点，铅酸电池、家具等行业特征库试点，“推进危废跨省转移智能审批速办”等数字化试点改革，印发工作方案全面推动固体废物信息化管理，以加强涉工业固体废物、危险废物单位电子台账管理为抓手，推动固体废物管理领域信息化、智能化监管。全市危险废物产生企业100%入网监管，一般固体废物产生企业入网率达80%以上。

4.4.3 特色亮点

（1）“以竹代塑”，实现生态环境改善和绿色经济发展双赢

当前，塑料污染问题已成为仅次于气候变化的全球第二大环境焦点问题，开发环保、可再生的代塑产品势在必行。竹子作为低碳、速生、可再生、可降解的生物质材料，在包装、建材、一次性用品等多个领域可直接替代部分不可降解的塑料制品，“以竹代塑”是从源头减少塑料使用、减轻塑料污染的有效途径。

安吉县作为“中国第一竹乡”，积极响应“以竹代塑”倡议，在全省率先出台政策，全面鼓励“以竹代塑”，不仅积极推动了塑料污染源头治理，还有效遏制了当地竹林退化趋势，助力竹资源生态产品价值实现，加快了竹产业高质量发展，形成生态环境改善和绿色经济发展的双赢局面。2023 年 8 月，安吉县成功获批建设全国首个“以竹代塑”应用推广基地。2024 年全县竹产品销售总额预计达 20 亿元，推动塑料垃圾减量 3 000 余吨。

一是强化政策资金支持，持续拓宽场景应用。先后出台《关于加快推动安吉县竹产业振兴发展的实施意见》《安吉县“以竹代塑”新材料采购奖补办法（试行）》等文件，每年安排 2 000 万元用于支持竹产业发展，200 万元支持“以竹代塑”应用推广。实施竹制品进景区、进民宿、进酒店、进馆所、进商超、进街区“六进工程”，建设县级“以竹代塑”展销中心和村级“以竹代塑”展销点、“以竹代塑”村。截至 2024 年 6 月底，已累计推广竹餐具 7 000 余套、“竹六小件”100 万套、“竹四小件”10 万套、竹桌牌近万个，竹餐具覆盖酒店民宿近 300 家，三星级以上酒店、民宿基本实现“竹六小件”全覆盖（图 4-19）。

图 4-19 安吉“以竹代塑”多场景应用

二是融合发展产业链条，加速产业二次振兴。构建国家竹产业示范园区和竹产业研究院两大国家级平台、5 个竹产业共富小微产业园以及 N 个竹材分解点组成的“2+5+N”产业平台体系，围绕能源、纤维、建材、大健康等领域集聚产业项目，推动产业链向竹基新材料、绿色能源、生物医药延伸。目前，已累计招引竹产业项目 12 个，竣工投产 5 家，形成竹质装饰材等 3 000 余种竹产品矩阵。

三是全力宣传“以竹代塑”，打响安吉竹业品牌。开展各类竹文化活动（图 4-20），创新推出“共富竹市”“报福开竹节”等特色品牌活动，其中，中国（安吉）竹产品博览会吸引了全国 200 余家竹企业参展，展会现场成交协议突破 2 亿元。建成县级“以竹代塑”展销中心，在“安吉优品汇”电商平台上线竹产品，2024 年 1—10 月已累计实现销售额 7 600 万元。将“以竹代塑”产品嵌入“两山绿币”体系，累计发放“两山绿币”4 500 万个，引导居民参与“以竹代塑”消费 5 万人次。

图 4-20　第三届“两山杯”国际竹产品创意设计大奖赛部分参赛作品

（2）政府搭台、企业共享，推动工业固体废物源头减量

德清县钢材深加工企业众多，钢材除鳞产生大量酸雾、废酸液和含重金属污泥，每年约产生废酸约 1 万 t、表面处理废物约 1 500 t，占全县全年危险废物产生量的 25%，给企业带来巨大的处置成本和管理压力。为实现减污降本协同增效，德清县以“无废城市”建设为契机，聚焦钢材深加工行业，通过行业整治、技术革新、设备研发等手段，在全国率先突破无酸除鳞技术难题，实现废酸“零产生”，成功助推钢材深加工行业低碳升级、绿色转型，企业吨钢处理成本降低 10%～30%、吨钢危险废物

产生量减少 25 kg，全县危险废物从每年的 6 万 t 降至 4 万 t，废物源头减量 30%。

德清县挖掘培育优质潜力企业，历经 6 年，投入 2 亿多元研发资金，指导攻克无酸除鳞技术难关，突破技术转化规模化、工业化难题。首创柔性刷磨材料，采用物理刷磨除鳞的方法，建成国内外首条 MEC-7.5 热轧不锈钢盘条无酸处理机组，填补国内外生态除鳞技术空白。无酸除鳞机械去除的钢材表面氧化皮可直接回收利用，冲洗水过滤后循环使用。同时除鳞成本可降低约 30%，全面实现工业废酸“零产生”，促进钢材深加工行业低碳升级绿色转型，助力“碳达峰、碳中和”目标实现。

无酸机械除鳞技术在德清得到成果转化应用。为促进全县域钢材深加工行业绿色高质量发展，推广成果应用，德清县采取“政府搭台、企业共享”的模式，于 2022 年 5 月在钟管镇成立了德清县热轧钢材生态除鳞共享中心（图 4-21）。该中心目前拥有 3 套机组，可加工盘条、卷条、带钢等钢材种类，年加工能力达 40 万 t。其中，MEC-450 热轧带钢生态除鳞机组专门针对德清县产业结构研发，集中承接全县热轧带钢表面处理，年加工 15 万 t，可为全县从源头上每年减少危废约 1.2 万 t。

图 4-21　生态除鳞共享中心

4.5 绍兴市——全程闭环管控多元综合治理

4.5.1 建设概况

“无废城市”的理念、思路、方法与绍兴高质量发展要求高度契合。绍兴始终牢记习近平总书记在浙江工作期间对绍兴“变废为益”的殷殷嘱托，作为全国“11+5”的“无废城市”试点城市，也是浙江省唯一试点城市，坚持守正创新，先行先试，以习近平生态文明思想为根本遵循，把“无废城市”建设融入经济社会发展全过程，以“1+4+7”方案体系和制度、市场、技术、监管四大体系为抓手，突出产业化、法治化、系统化、数字化、社会化，持续提升固体废物治理能力，稳步推进城市固体废物精细化管理，圆满完成全国首批试点任务，形成了“制度完善、技术创新、能力匹配、数智监管”的“无废”绍兴模式，综合考评位居全国前五，获财政部 1 000 万元奖励。试点经验推广数量领跑全国，承办全国“无废城市”建设现场会，各项工作走在全国前列。“无废城市”信息化平台被评为“2020 年浙江省改革创新最佳实践案例”和浙江省“观星台”优秀应用。参与的“无废城市浙江探索”工作入选 2021 年度浙江省改革突破银奖。两个“无废城市”案例入选巴塞尔公约全球减污降碳协同增效典型案例首批推荐名单，数量全省第一。

4.5.2　主要做法和成效

（1）聚焦全要素保障，“无废”体系构建更加完善

建立并持续保持书记、市长任双组长的“无废城市”建设领导小组，陆续新增市体育局、团市委、妇联等单位，部门协同不断完善。每年出台地方和市级部门工作方案、考核任务书，工作职责持续压实。每年抽调乡镇、部门业务骨干集中办公，保持“无废专班”实体化运行力度不减。建立由本地大专院校、企事业单位专家和企业技术人员组成的“无废城市”本地专家团队，为技术攻坚、经验推广、制度创新等提供智力支持。

（2）聚焦全生命周期，“无废”产业发展更趋健康

以全省传统产业改造提升试点为契机，着眼“前端绿色制造、中端静脉循环、终端无害处置”全产业链，以无废印染、绿色建材、装配建筑、绿色电力和新能源汽车、氢能及燃料电池等绿色低碳新兴产业为重点，推动产业循环式组合，打造“无废城市”全产业链，省级以上工业园区全部实施循环化改造。深化垃圾分类效能，全市生活垃圾全焚烧零填埋，生活垃圾产生强度逐年下降，易腐垃圾清运量占比从 2022 年的 11.41% 提升至 2024 年的 27.35%。全市建筑垃圾资源化利用设施实现县域全覆盖，废弃泥浆稳定土产品取得了浙江省建设科技成果推广认证，建筑垃圾综合利用率从 2022 年的 81.21% 上升到 2024 年的 99.50%（图 4-22）。

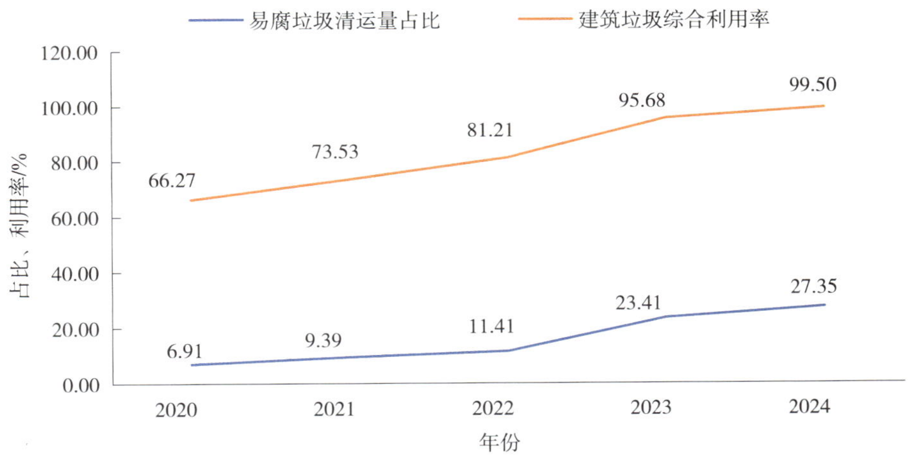

图 4-22　2020—2024 年易腐垃圾清运量占比及建筑垃圾综合利用率

（3）聚焦全方位服务，“无废”政策驱动更加有力

出台全省首个飞灰资源化利用项目建设扶持激励政策，危险废物填埋占比从 2020 年的 32.37% 降低到 2024 年的 15%（图 4-23）。先行先试危险废物“点对点”定向利用政策，为企业降本增效。建立健全排污权交易、碳排放权抵押贷款、跨区域集聚提升专项基金、信贷支持、税收优惠等多种机制，多维度为“无废”项目提供要素保障。在全省率先配套出台《关于贯彻落实〈浙江省小微产废单位危险废物收运贮存管理暂行办法〉的通知》；选取印染和机加工产业，完成小微源危险废物精细化管理和服务支撑体系建设全国试点，形成一批制度成果。

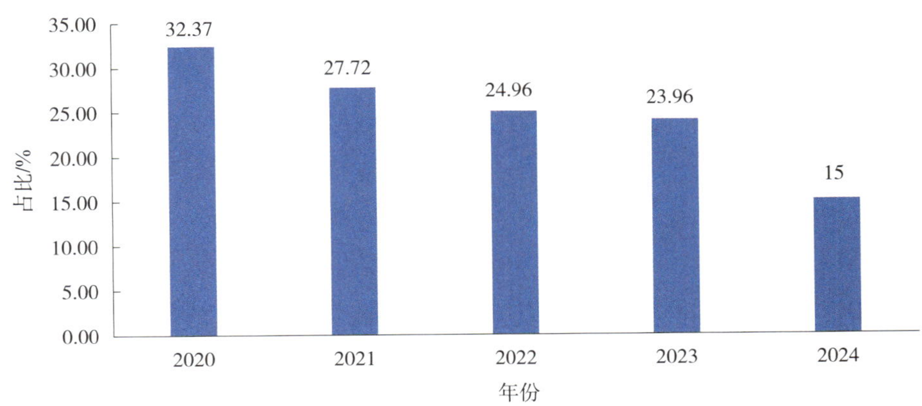

图 4-23　2020-2024 年危险废物填埋占比

（4）聚焦全系统集成，数智监管能力持续提升

充分发挥数字化改革牵引作用，集成整合一般工业固废、农业废弃物、生活垃圾、建筑垃圾、危险废物等五大系统，建立健全全周期、智能化、闭环式固废整体智治新模式（图 4-24），实现风险“云监管”、执法“云指导”、多元“云服务”有机统一。在不断迭代升级“浙里无废”第二期 7 个应用场景的基础上，承接“印染行业固体废物特征库”“危险废物交易服务协同监管”“重点行业新污染物治理”“尾矿库”等 4 个场景建设，已全部通过验收。

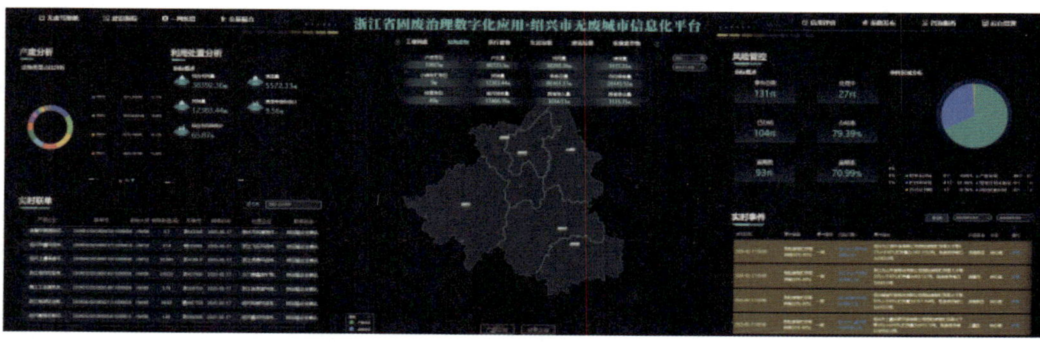

图 4-24　浙江省固废治理数字化应用——绍兴市无废城市信息化平台

4.5.3　特色亮点

（1）“点对点”定向利用模式

染化、医药行业是绍兴市的重要产业，企业产生的工业废酸、废盐等危险废物的管理一直是绍兴生态环境保护工作的一大难题。“无废城市”建设试点以来，绍兴开始探索危险废物“点对点”资源化利用，将重点行业特定类别的危险废物“变废为益”。一是建章立制，制度先行。配套出台了《危险废物分级管理制度》《绍兴市特定类别危险废物定向“点对点”利用试点工作制度》等管理制度。二是试点探索、培育市场。绍兴先后确定两批 16 家企业试点危险废物定向点对点利用（图 4-25），拟试点实施每年最高 27.73 万 t 特定类别危险废物的定向“点对点”利用。三是数智监管，管控风险。督促定向“点对点”利用企业通过浙江省固体废物信息化平台申报特定类别危险废物产生、流向、资源化利用等有关资料，实现台账、转移联单电子化，做好相关的数据填报工作及风险事件闭环处理。

图 4-25　绍兴市危险废物“点对点”定向利用企业之一

截至 2024 年 7 月底，绍兴通过“点对点”定向利用模式进行资源化利用占全省的 75% 左右，合计为企业节约成本约 2.31 亿元，取得了较好的环境效益和经济效益。全市危险废物填埋量由 2020 年的 32% 降至 2024 年的 15%。2023 年 7 月 24 日在全国“无废城市”建设现场推进会上，绍兴市危险废物“点对点”定向利用工作得到生态环境部郭芳副部长的肯定。

（2）数字“无废”创新模式

一是建成“无废城市”信息化平台（图 4-26）。绍兴市坚持“整体智治，高效协同”的系统设计理念，充分发挥数字化改革牵引作用，聚焦“五大固废系统”，按照“四横四纵”数字化转型框架，采用“V”形开发模型，统筹整合五大类固体废物、废水、废气、污染土壤管理系统和重点产废园区、重点固体废物利用处置企业数字化管理系统，服务对象包括政府、部门、企业、公众，形成“纵向到底，横向到边”的监管格局和服务模式，平台列入 2020 年浙江省政府数字化转型重点项目，入选浙江省“观星台”优秀应用案例。与省生态环境厅联合开发“浙里无废”应用，实现“云监管”“云指导”“云服务”的有机统一，获 2021 年度全省改革突破奖。

二是丰富“无废城市”模块化功能（图 4-27）。优化“工作调度”应用（上升为省级应用），以图表形式对全域“无废城市”建设指标及四张清单完成情况进行跟踪考核，充分解决了指标与任务体系跨部门调度难、时间长的问题，并为“无废指数”、评估考核等工作提供基础数据支撑。优化“无废城市细胞”应用（上升为省级应用），实现“无废城市细胞”线上申报、线上初审、线上复核、线上发布。优化“无废学院”中应用（上升为省级应用），通过无废之窗、无废头条、无废百科和无废课堂等模块，提升公众对“无废城市”建设的知晓度和参与度。

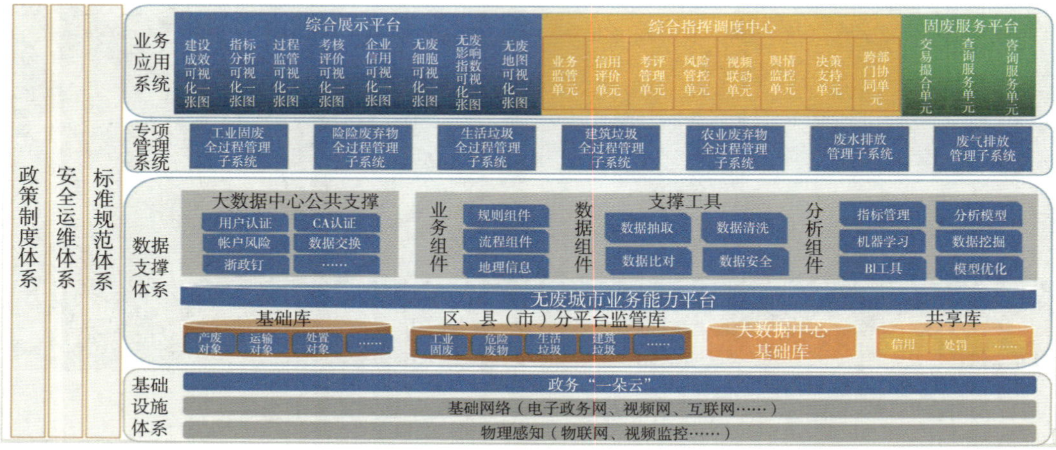

图 4-26　绍兴市“无废城市”信息化应用（省固废治理数字化应用）总体框架

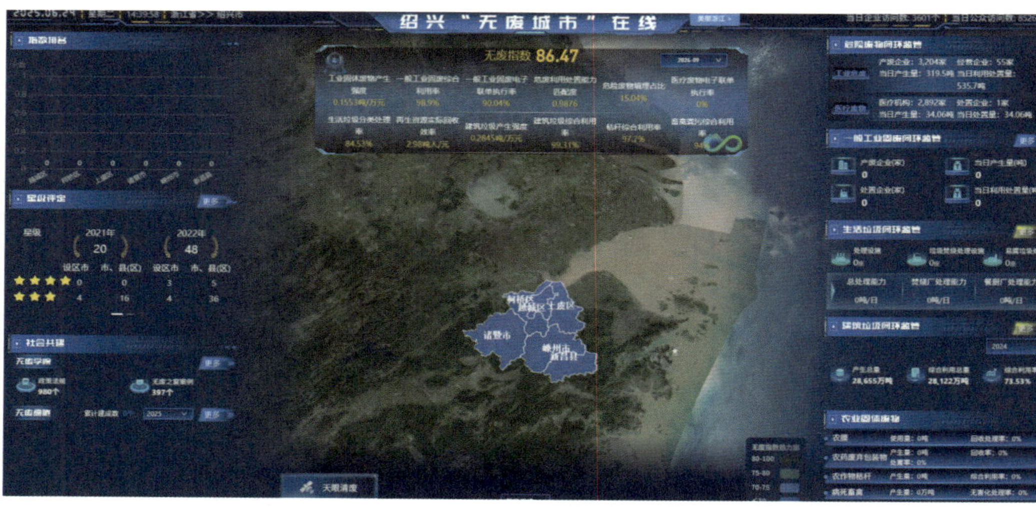

图 4-27　绍兴市“无废城市”在线平台模块

CHAPTER 5

最佳实践案例

5.1 南湖区——数字化标准化引领 推动县域“无废城市”建设进发新动能

5.1.1 建设概况

2020年以来，南湖区积极响应国家号召，全力推进“无废城市”建设，在构建绿色循环生产生活体系方面取得了显著成果，区内建有生活垃圾焚烧处置中心（承担全市区）、危险废物归集中心等设施，完成建筑垃圾处置中心、再生资源分拣中心提标改造，固废收运处置能力不断提升。截至2025年1月底已成功通过“无废工厂”验收30余家，区内唯一的高新技术产业园区已通过“无废工业园区”验收，各领域共建共创“无废城市细胞”接近250个，重点培育南湖天地商圈、敏实集团开展“无废商圈”“无废集团”建设。其中塑料污染治理、固废地图精准管理、无废乡镇建设、再生资源回收体系建设4个典型案例入选省“无废之窗”，2023年成功获评2022年度全省首批四星级“无废城市”（全省5个），省级生态文明建设示范区，全省“美丽浙江十大样板地”，连续3年获得美丽浙江考核优秀，连续5年获全省农村生活垃圾分类处理工作优胜县（市、区）。工业、农业、生活、建筑等重点领域固废核心指标变化趋势见图5-1。

5.1.2 主要做法和成效

（1）小微企业固废集约化数字化管理

南湖区成立由国资主导作为试点的统一收集平台，构建“企业自主纳入、管家规范指导、多方合作协调、安全转移处置”的全过程危险废物处置新模式。制定工业固废集中收集、贮存、转运、处置管理工作方案，建立危险废物归集中心，对进场的危险废物进行统一分拣和转运、处置，实现精准化源头分类、专业化二次分拣、智能化高效清运、最大化资源利用、集中化统一处置。企业通过登录信息化管理平台，完成网上申报登记工作并严格落实固体废物转移联单制度等，实现全过程监管。自主研发危险废物分类回收箱（桶），实时将危废重量传输至云平台，实现产废企业分类智能投放，形成小微企业固废集约管理新模式，2021年11月在南湖区召开的全国小微企业危险废物收集平台现场交流会上获得国家部委有关领导专家的点赞。

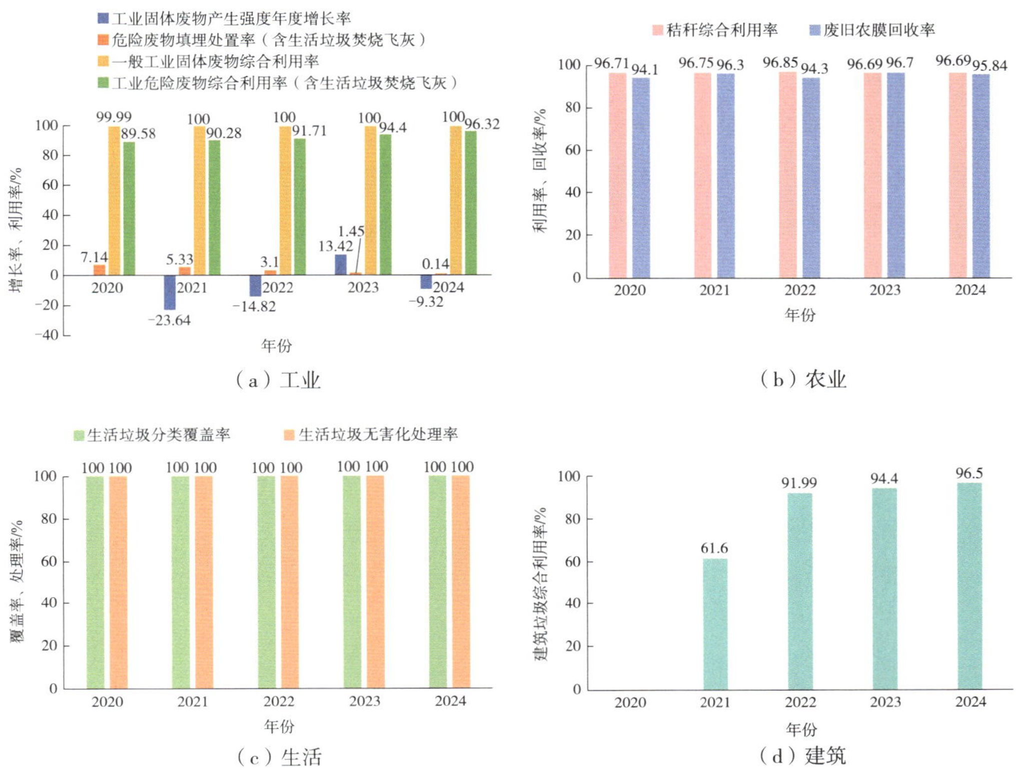

图 5-1　工业、农业、生活、建筑等重点领域固废核心指标变化趋势

数据来源：一般工业固体废物数据和危险废物数据由嘉兴市生态环境局南湖分局提供；工业增加值由南湖区统计局提供；秸秆和废旧农膜数据由嘉兴市南湖区农业农村和水利局提供；生活垃圾数据由嘉兴市南湖区推进城乡生活垃圾分类工作领导小组办公室提供；建筑垃圾数据由嘉兴市南湖区住房和城乡建设局提供。

（2）农村生活垃圾分类数字化标准化建设

首创全流程数字化监管的“垃非”系统，坚持全区“一盘棋”，打破镇村边界和数字壁垒；有机融合人员角色化、设施可视化、痕迹数字化等管理模块，实现农村生活垃圾“分、收、集、运、处”全流程数字化规范化；牵头起草全省首个生活垃圾数字化地方标准《农村生活垃圾数字化管理规范》，为全市农村生活垃圾数字化管理的系统建设、设备要求、应用管理、评价改进等提供规范依据；结合垃圾分类“周督查、月暗访”工作机制，在“垃非”App 端集成暗访、督查、举报等功能，拓宽发现问题渠道，推动风险隐患点管理后台即查即改；实施农村垃圾分类三色二维码动态评价管理，按照分类情况实时生成“垃非”指数（积分指数、参与指数、精准指数、管理指数），进一步提振农户分类主动性。2021 年，入选全国第三批农村公共服务典型案例。2022年，入选全省高质量发展建设共同富裕示范区最佳实践案例（第一批），相关做法被引进到武义县、岱山县等地进行复制推广。

（3）创新开展“无废乡镇”样本建设

坚持城乡融合，以新丰镇为试点探索镇域“无废城市”建设模式，统筹推进基础设施建设，推进各领域“无废”发展。固废处置设施服务供给全区，在镇域建有服务全区的两个再生资源分拣中心，年回收分拣再生资源13万余吨，建有服务全区的小微收运平台、区内唯一大型易腐垃圾资源化站点、全区病死动物无害化处理中心；在工业领域坚持技术改造，镇域内废塑料再生利用龙头企业提升改造设备工艺、构建“互联网+回收”模式，作为整治提升典型案例在全省行业整治会议上做经验分享；在农业领域锚定种养转型，原创推广大棚生姜—晚稻粮经轮作的“万元千斤”新模式，实现省药省肥节本增效；在氛围营造方面，开展全镇域“无废”建设成效系列宣传，所有行政村参与了“无废乡村”建设，公共单位实现“无废城市细胞”建设全覆盖。

（4）多元化、常态化营造“无废”宣传氛围

发动广大群众积极参与“无废城市”建设，开展公众探访、环保设施公众开放活动。嘉源康恒环境公司常态化对外开放垃圾焚烧处理项目，获评“省级生态文明教育基地”，线下累计接待社会各界人士参观百余次。依托“小青团”“优美庭院”等载体，持续开展“党员带头致美、带领群众致美”活动。承办2024年嘉兴市“国际无废日”主题活动，现场举行“无废”党建联建签约仪式，发挥党员在“无废城市”建设中的先锋模范作用，携手打造“无废商圈”，发布“精品无废路线”，打造市民可看可学可感的“无废”体验带。设计南湖区“无废城市”宣传LOGO，在市级主流媒体平台“读嘉”开设南湖区“无废城市”宣传专栏。创新发布国庆、元旦等节假日“无废”系列主题海报，线上总阅读量超2万人次。积极运用新媒体、传统媒体以及村（社）阵地深度宣传，进一步扩大了“无废城市”建设影响力。

5.1.3 特色亮点

（1）构建全省首个镇（街道）“无废指数”

在“省无废指数”基础上，以推动镇（街道）工作落实、及时发现工作推进短板为目的，探索建立了全省首个适用于镇（街道）评价的“无废指数”（图5-2），力争打通“无废城市”落实到基层的“最后一公里”。针对镇、街道基础条件差异大的问

题，南湖区创新设计了两套分别用于评价镇、街道的指数体系，乡镇评价指标主要侧重四大类固废源头减量、资源化利用和无害化处理情况（图 5-2），街道评价指标则主要聚焦生活垃圾领域和宣教体系，分别测算得分和排名。围绕推进工作落实的目的，组织召开工作专班会议，以建设现状及各单位重难点工作为参照，以镇（街道）发挥主观能动性推动指标改善为原则，增设特色指标，如“秸秆综合利用率”数据难以细分到各镇，则采用“秸秆焚烧处罚数量”来反映综合利用情况；针对各镇（街道）任务数不同的问题，提出“超额完成清洁生产的工业企业数量”指标以提升镇（街道）自主开展清洁生产的积极性。为最大化实现指数应用实效，开展季度调度测算，实时掌握工作薄弱点、发力点；将评价结果纳入工作考核和重大生态环境问题督察清单指数通报，营造“比学赶超”的良好氛围。

图 5-2　镇（街道）“无废指数”涵盖四大领域，聚焦三大方面

（2）发布全省首个“无废农场”细则

生态环境与农业农村部门通力协作，发布全省首个《“无废农场”建设评估细则》（图 5-3），对农业“无废”生产提供更全面、更具针对性的指导，助推“无废城市”进一步深入农业农村、沉入农民群体 2024 年已组织区内 4 家农场开展“无废农场”建设。普及标准管理，起草市级地方标准《阳光玫瑰葡萄生产技术规范》，通过培训提升农户适量施肥理念。绿江葡萄专业合作社标准化种植阳光玫瑰，减少 2/3 化肥用量和 1/3 施药次数，27 亩葡萄减少碳排放 4.7 t，发布全国首枚葡萄行业碳标签。强化数字赋能，大力推进数字农业工厂建设和规模种养基地数字化改造，实现肥药精准施

用，累计创建省级数字农业工厂示范主体两家，落实种养基地数字化改造 32 个。湘家荡农业工厂全自动水肥一体化灌溉实时调整化肥配比，实现节肥 50%、节水 70%。推广循环种植，全区形成以“粮粮轮作”为主，“粮菌轮作”“稻渔综合种养”为辅的轮作模式，新建 3 个年回收 1.6 万 t 的秸秆处理中心。志明家庭农场“稻豆轮作”入选省稻豆轮作绿色高效技术现场观摩会参观点位，金色田园通过鱼菜共生循环养殖实现每季每亩节约蔬菜种植肥料 15 kg。

图 5-3 “无废农场”建设评估细则发布

5.2 滨江区——“无废滨江”创新驱动 构建绿色智治样板区

5.2.1 建设概况

自 2020 年启动“无废城市”建设以来，滨江区深入贯彻省、市有关精神，以“无废”理念为总牵引，以“无废城市细胞”建设为重点，以“一区一品”培育为抓手，将全域“无废城市”建设纳入“省 811”生态文明先行示范行动方案及共同富裕示范区等重点工作。围绕“无废城市”建设智治示范目标，聚力打造“一区一品”特色品牌，推动形成绿色生活方式，打造高质量可持续发展的“无废城市”建设智治样板区。2023 年荣获年度省级全域“无废城市”建设“清源杯”，各项工作逐步得到社会各界的认可。

为深入打好污染防治攻坚战，滨江区成立了以副区长为组长的滨江区“无废城市”建设领导小组，制定并印发《滨江区“无废城市”建设工作方案》(滨政办〔2020〕10号)，设定25项建设指标，明确“四张清单”。为持续深化全域“无废城市”建设，出台《滨江区深化全域“无废城市”建设实施方案(2023—2025)》，不断巩固优化各项指标，提升固体废物减量化、资源化、无害化水平。

接下来，滨江区将贯彻《滨江区深化全域“无废城市”先行示范区建设三年行动方案(2024—2026年)》文件精神，锚定“无废城市”建设智治示范区目标，进一步发挥高新区创新优势，利用3年时间克难攻坚，以数字化技术为牵引，构建固废产生强度最低、碳排放强度最低、信息反馈最具时效、管理决策最为智能、社会参与最为广泛的“无废滨江”建设模式。

5.2.2 主要做法和成效

(1) 提升工业固废监管水平

滨江区从完善管理制度、规范分类收运体系、提升处置能力、健全监管体系、实行数字闭环监管等方面系统强化固体废物污染防治工作。落实工业固废收运体系建设，根据固体废物利用处置企业的不同类别和产废企业的需求，做好固体废物重点问题的日常督导检查和指导帮扶，为企业解难纾困。全区推进固体废物闭环监管“一件事”改革，推进“浙固码”使用和视频监控联网，一般固废产废单位联网率达到100%，年产危废量10 t以上的65家企业全部安装视频监控和称量系统。目前，危险废物智能称重设备年度使用率为100%，视频监控本年度在线率达99.9%。2021—2023年滨江区工业危险废物产生处置情况见表5-1。

表5-1　2021—2023年滨江区工业危险废物产生处置情况

单位：万t

年份	产生量	综合利用量	自行处置量	委托处置量	填埋量	贮存量	跨省(市)转出量
2021	0.81	0.44	0	0.38	0.003 1	0.04	0.04
2022	0.83	0.61	0	0.23	0.001 6	0.03	0.07
2023	0.73	0.61	0	0.16	0.000 9	0.005 9	0.08

(2) 推进生活垃圾治理工作

生活垃圾分类实施以来，特别是《浙江省生活垃圾管理条例》施行后的近3

年，随着宣传和各项工作的深入，市民的分类意识有所改变，认知度有所提高，但分类能力及行为习惯还非常欠缺。因此，从源头上减少生活垃圾的产生，是生活垃圾处理、解决问题的核心内容。滨江区全力开展生活垃圾治理工作，按照生活垃圾“定时定点”投放和清洁直运的方式，实行生活垃圾分类全覆盖。2023 年，全区收集清运生活垃圾 27.42 万 t，全部实现无害化处置（表 5-2）。全面开展低价值可回收物回收工作，采用政府兜底的方式，推进塑料一次性餐具、塑料奶茶杯、塑料吸管等低价值回收物回收利用，开设清运专项，实现源头减量，低价值可回收物已收集处置 130.59 t，杭州舞环科技有限公司开发的“家兔宝产业互联网平台助力垃圾分类体系化建设”案例获浙江省 2023 年数字经济创新提质“一号发展工程”优秀案例。

表 5-2　2020—2023 年滨江区生活垃圾产生及处置情况

年份	生活垃圾清运量 / 万 t	易腐垃圾清运量 / 万 t	城镇分类收集覆盖面 / %	农村分类收集覆盖面 / %	易腐垃圾清运量占比 / %	生活垃圾回收利用率 / %	生活垃圾无害化处理率 / %
2020	23.91	6.06	100	—	25.53	46.07	100
2021	28.10	8.25	100	—	29.35	51.88	100
2022	26.50	7.36	100	—	27.78	50.43	100
2023	27.42	7.18	100	—	26.18	37.23	100

全区通过推行“光盘行动”、绿色办公、限塑治塑、生活垃圾强制分类等措施，不断减少生活垃圾源头产生量，2020—2023 年，生活垃圾产生量实现负增长。

（3）探索“无废产业”新路

以数字产业为重点，打造一条数字经济全产业链。积极推动宏华数码纺织数码喷印等数字化技术发展，推动形成绿色发展模式，优化经济结构，提升绿色低碳高质量发展水平；吉利控股集团首次发布 ESG 战略路径。从绿色生产源头控制、资源化利用与无害化处理、提升能源效率等 13 个维度全面推进“无废工厂”“无废集团”建设，将“无废”理念融入产品设计、制造和回收利用全过程，全面推进“无废工厂”建设，努力打造行业首家“无废集团”；鼓励祖名豆制品股份有限公司探索治废路径，实现“从源头上减废、从技术上降废，争取能变废为宝”，近年来，祖名股份年均出售豆渣 2.5 万余吨，均由有需求的单位回收替代部分饲料使用，已实现豆渣 100% 循环利用，获评2022年度浙江省“无废亚运工厂”示范点称号。

（4）争创“无废学校”全覆盖

在全省范围内率先提出“无废学校”全覆盖的目标，制定《滨江区全域“无废学校”创建试点实施方案》，开展“无废学校”建设活动，完善“无废学校”创建制度，发挥学校特色、实行“一校一策”，数字化赋能提升行政效能等方面持续发力，扎实推进“无废城市”建设工作，推进“无废文化”落地生根，助力美丽杭州。2024年，全区53所幼中小学全部完成“无废学校”创建，实现滨江区全域覆盖。其中，春晖小学教育集团、浦沿幼儿园荣获国家级“无废学校”示范点称号。

（5）独创“无废”动漫IP

高新区（滨江）依托自身动漫文化优势，将“无废理念”与动漫跨界结合，借助动漫文创的高渗透力和强辐射力，邀请中南卡通设计“无废”形象专属IP——生态精灵“绿芽儿”，向公众普及推广“无废”理念。“无废亚运”“无废学校”“无废乡村”动漫片已正式发布上线，围绕“绿芽儿”展开的动漫片后续也将陆续发布，通过动画短片上线、表情包推广、线下事件营销活动，不断深化和强化群众对“无废城市”的理解，保持IP的话题性和新鲜度，赋能“无废滨江”高质量发展。

5.2.3 特色亮点

吉利汽车集团及春晖小学作为滨江区“无废”典型案例，积极打造标杆“无废”样本，更好地辐射全国，发挥好示范引领作用。

（1）吉利汽车——倾力打造行业首家“无废集团”

2024年，吉利汽车集团作为滨江区优秀集团代表，积极投入“无废”工作建设，成功入选工业和信息化部、生态环境部联合发布的全国首批“无废企业”典型案例。本次案例为工业和信息化部与生态环境部首次征集并发布，全国共19家企业入选，吉利汽车是全市唯一入选企业。同年，吉利汽车集团斩获浙江省首批“无废集团”殊荣。其“全链条无废管理模式”涵盖了无废设计、无废制造、无废供应链及无废循环四大环节。

首先，吉利在研发阶段就致力于提高产品的可回收率，积极推广新材料和新工艺，大量使用可再生材料于银河、中国星等产品的隔音垫和内饰板，车身也使用了再生金属和塑料，将产品可回收率提升至97%。

其次，吉利依据《无废工厂评价标准》持续进行自我评估和改进，利用大数据实现精准控制大型用电设备，引入先进工艺和技术，如伺服冲压工艺，并实施中水回用等措施，加速“无废工厂”的认证。目前，已有 6 家工厂获得“无废”认证，10 家被评为国家级绿色工厂，3 家为零碳工厂（图 5-4）。

图 5-4　吉利汽车集团获得的荣誉奖章

再次，吉利将无废工作纳入供应链评价体系，实现固体废物源头减量。通过对供应商的量化评价，提升了供应链的节能减排能力，已实现供应商减排一般固废 14 557 t，减排危废 4 218 t。

最后，吉利建立了循环制造中心，从循环车、循环件、循环材料、电池回收利用、再生业务等多个模块，进行产品生命周期末端的无废管理，构建了资源循环的可持续生态。在 2023 年当年实现再制造汽车 1 198 台，再制造件 7 037 件。

吉利的“无废”实践不仅是企业自我提升的表现，更是对整个汽车行业产生了重要的示范效应。这一举措不仅提升了吉利的环保水平，也推动了整个供应链向更加绿色的方向转型。对于国家实现“双碳”目标和其他企业的可持续发展，吉利提供了宝贵的经验和借鉴。

（2）春晖小学——数字技术推进无废校园建设

杭州市春晖小学教育集团以创新、协调、绿色、开放、共享的新发展理念，深入开展“无废城市”建设，全力打造废物产生量最小化、资源利用率最大化的“无废学校”样板。先后获得了“全国无废公众教育”试点学校、全国垃圾分类示范学校以及杭州市各类示范学校等称号，试点案例荣获浙江省全域“无废城市”建设最佳实践案例。

春晖小学之所以能脱颖而出，源于多方面的卓越表现：

第一，课程育人，无废融入学校德育体系。由春晖小学团队主编并发布首套“无废课程”，以“无废工坊”为教材，从无废与家庭、无废与校园、无废与社区及无废与社会四个维度出发，课程兼顾趣味性和实践性，让学生在探究性学习中提升创造力（图 5-5）。

图 5-5　春晖小学垃圾分类游戏

第二，数字赋能，多元可视无废建设成效。创建学校“无废指数”，融入“晖宝回收服务站”“圾分类处置中心”“春晖享物平台”“光盘行动”等数据，用信息化支撑无废学校管理的力度和效度（图 5-6）。

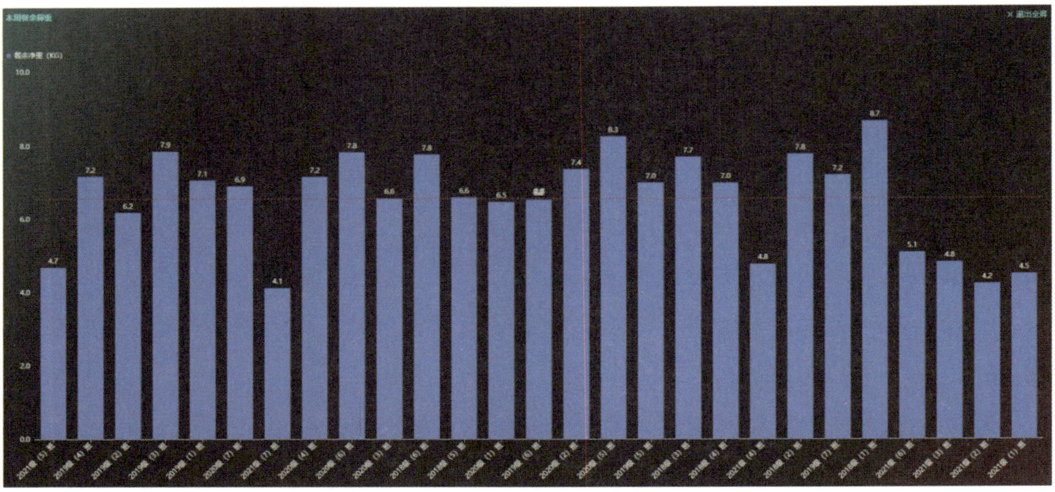

图 5-6　春晖小学“无废学校”数据监测中心

第三，规划课程，寓教于乐加强无废教育。自主开发学校无废实践研学课程，通过常态特色的课程强化学生对垃圾分类常识、“无废城市”建设的深入认识（图 5-7）。

图 5-7　春晖小学无废实践研学课程

第四，特色场域，推进建设无废校园。创新打造“晖宝红领巾服务公司”，学生通过回收可再生资源兑换晖币，可在晖宝商城进行消费，进一步体验无废特色场景，增强学生无废意识（图 5-8）。

图 5-8 “晖宝回收服务站”兑换“晖币”

5.3 新昌县——探索特色路径 打造绿色样板

5.3.1 建设概况

新昌县自开展“无废城市”建设工作以来，积极响应政策要求，紧密围绕习近平总书记对新昌“变废为益”的重要指示批示精神，将“无废城市”建设深度融入地方高质量发展进程，持续推进五大类固体废物减量化、资源化、无害化，奋力打造全域“无废城市”新昌样板。为此，新昌县出台了一系列涵盖多领域的政策文件，如《新昌县无废城市建设试点实施方案》《新昌县小微企业危险废物统一收集试点工作方案的通知》《新昌县一般工业固体废物分类利用处置工作实施方案》《关于推进新昌县飞灰资源化利用工作相关激励政策的实施意见（暂行）》等，从制度层面为建设工作提供坚实保障。

在政策执行落地过程中，新昌县各部门、乡镇街道协同合作，积极推进各项任务。小微企业危险废物集中收集试点工作成为全市亮点，收集覆盖率率先实现 100%；餐厨垃圾黑水虻生物处理实现收集全覆盖，其创新模式相继得到了陈奕君、彭家学等省领导调研肯定，并在中央电视媒体作为典型报道；医废监管平台不断完善，做到医废“一件不漏”，获得 2025 年度全省“无废城市”建设典型案例，其全链条监管举措也得到李岩益副省长的批示肯定。这些阶段性成果充分彰显了新昌县在“无废城市”建设方面的坚定决心与显著成效，为后续工作的深入开展奠定了坚实基础。

5.3.2 主要做法和成效

（1）聚焦绿色发展，工业固废管控成效显著

作为工业强县、科技强县，新昌县坚持绿水青山就是金山银山的理念，坚决扛起保护生态环境的政治责任。多措并举推动一般工业固废收运。出台《新昌县一般工业固体废物统一收运处置实施方案》，落实部门、乡镇街道职责，通过政策引领、会议部署、宣传推广等方式，督促辖区产废企业完成一般工业固废统一收运工作，协同指导产废企业完成省固废平台注册、规范收运及申报。强化危险废物全面安全管控，推进固体废物源头减量和资源化利用，完善小微企业危险废物统一收集体系，严格做到危险废物从产生到处置的全生命周期管控，小微产废单位危险废物收运覆盖率已实现动态 100%，目前已覆盖小微企业 781 家，2024 年度累计收集危险废物 1 322 t，学校实验室等社会源动态全覆盖，做到危险废物应收尽收。积极推进生活垃圾焚烧飞灰资源化利用进程，《关于新昌县生活垃圾焚烧飞灰资源化利用财政补贴的情况说明》经县政府常务会议讨论并通过实施，2024 年度新昌县危险废物填埋率为 10.05%，顺利完成全年小于 15% 的目标（图 5-9）。

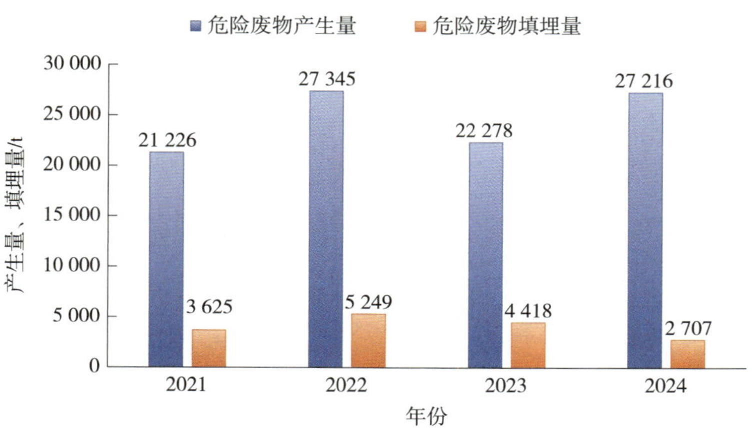

图 5-9　2021—2024 年新昌县危险废物产生处置情况

（2）强化医废管理，实现全闭环处置

新昌县从系统建设、组织体系、长效机制等方面，全域式推进医疗废物监管。点上抓推进。紧扣医废管理重点，出台医废智能化监管系统，以新昌人民医院七星分医的试点开展医废规范化建设，配置智能设备，依托互联网技术实现医废全过程智能监管，闭环管理。线上抓整治。采取日常监督与“双随机”检查相结合的模式，加大对基层医疗机构、民营医院和个体诊所等医疗机构监督检查力度，加强医疗市场暗访和突击检查，严厉查处非法处置危险废物、医疗废物等违法违规行为，及时督促整改。面上抓长效。大力推进“无废医院”创建，累计创成 12 家，基本全覆盖。严格规范医疗废物的分类、收集、暂时贮存、运送和处置行为，落实医疗废物转移联单制度。通过逐级建立机制、明确责任、强化管理，全县医疗废物整治取得明显成效，医疗废物 100% 实现集中处置。全面构建动物医疗废物无害化处置体系，新昌县 32 家动物医废产生单位（其中规模畜禽养殖场 27 家、动物诊疗机构 4 家和县级兽医实验室 1 家）全部纳入该体系。

（3）倡导绿色生活，提升垃圾分类水平

新昌县以“生态兴县”为目标，致力于提升生活垃圾分类处置水平。强化回收利用。积极推广“虎哥”生活垃圾分类治理服务，“虎哥”从源头将可回收物、有害垃圾兜底收集和截留，简化操作，破解老百姓源头参与难题，让老百姓垃圾分类从“被动”变为“主动”；通过“智慧监管一张网”实时在线监控垃圾的溯源信息、收运信息、处置利用信息，将垃圾治理监管全过程数字化、标准化。2024 年“虎哥”覆盖新昌城区共 8.8 万户居民，配置 41 个回收站点，累计回收垃圾 2.5 万多吨，户均垃圾减量 0.3 kg/d，发放环保金 1 730 万元。同时，收集有害垃圾 8.62 t，转移处置有害垃圾 8.725 t。资源再生利用率达到 98% 及以上，无害化率达到 100%。细化“限塑”整治。加强塑料污染治理，建立健全塑料制品长效管理机制，督促农贸市场主办单位和经营户落实主体责任，开展限塑承诺书签订工作，逐步规范和限制使用不可降解塑料购物袋。在各类市场设置“菜篮子、布袋子推广点”，引导民众使用环保布袋、纸袋、菜篮等非塑制品和可降解购物袋。强化宣传引导。利用市场内广播、电子显示屏等载体开展形式多样的禁限塑宣传活动，提高消费者的限塑意识，引导民众参与塑料污染治理行动。

（4）治理农业污染，提高农废利用效率

新昌县着力解决农业面源污染问题，积极推进农业废弃物回收利用。持续推进化肥农药减量技术推广，深化肥药减量行动，2024 年完成配方肥推广 0.46 万 t，主要农作物测土配方施肥技术覆盖率达 90.3%，化肥农药继续实现负增长。继续加强畜禽粪污资源化利用和无害化处置，现有规模畜禽养殖场 27 家，规模畜禽养殖场粪污处理设施装备配套率达到 100%，畜禽粪污资源化利用率和无害化处理率达 95% 及以上。全面开展病死（害）畜禽集中无害化处理工作，县级病死畜禽专业无害化处理中心全面投入使用，2024 年病死畜禽集中无害化处理率为 100%。持续推进农作物秸秆综合利用，建设秸秆快速腐解还田百亩示范方 2 个，建成省级农作物秸秆收贮中心 1 个、市级区域性收贮中心 2 个、村级收贮网点 30 个，秸秆收贮运能力得到大幅提高，秸秆综合利用率达 97.03%。建设完善农业废弃物回收处置体系，废旧农膜回收体系进一步完善，实现县域全覆盖，2024 年集中归集处置废旧农膜 32.97 t，全县废旧农膜回收率达 93% 以上，农药废弃包装物回收率 105%、处置率 100%。

5.3.3 特色亮点

（1）筑牢医疗废物安全屏障，实现医废“一件不漏”

新昌县积极引入融家科技公司“互联网 + 医废”平台信息化技术，通过云计算、大数据分析等互联网云端技术，实现了医疗废物全流程溯源、全闭环处置、全过程监管，极大降低了安全隐患，真正做到筑牢医疗废物安全屏障。目前，新昌县创新推出源头分类监管——医疗废物智慧监管 2.0 版本，从产生到销毁，实现处置“全闭环”（图 5-10）。医疗废物分类投入智能收集箱后，自动对不同的分类配置独特的电子标签

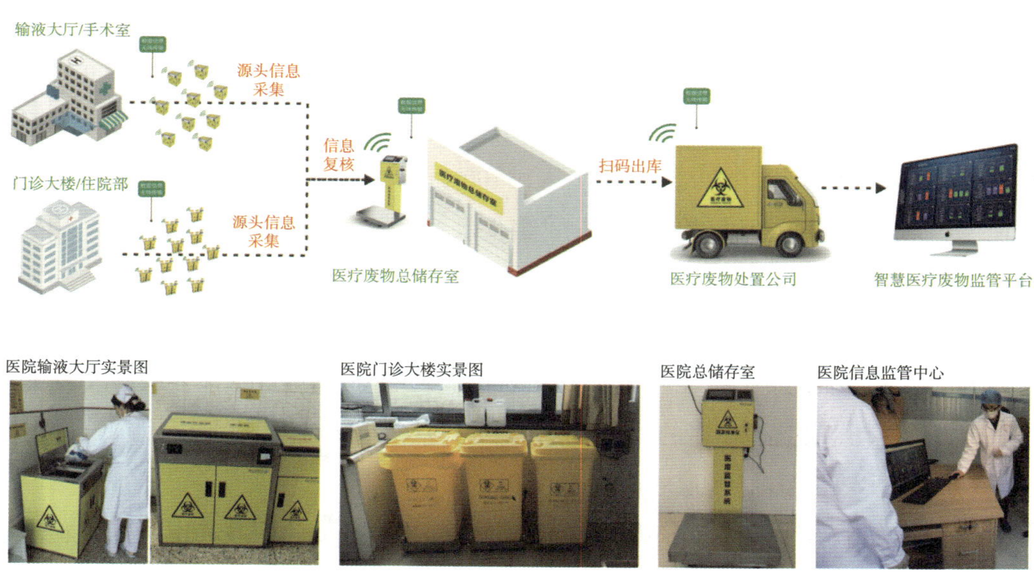

图 5-10　医疗废物闭环监管系统应用场景

或二维码，后期转运交接和分类处理环节，通过扫码了解对应分类，实现医疗废物的全程闭环管理。从人工到智能，实现监管“全过程”。利用物联网和“云”平台实时收集各医疗废物点的种类、数量、收集、运转、处理等数据，进行统一管理，实现了医疗废物全过程监管、统计以及转运 GPS 动态监管（图 5-11）。从一家到全域，实现系统“全覆盖”。目前该系统已在新昌县二级以上医院直至乡镇卫生院、民营医院等医疗机构全覆盖，并在全国 800 多家医疗机构推广使用，进一步提升医疗废物综合管理水平，为医疗废物无害化安全处置提供“新昌样板”。

图 5-11　医疗废物收集专用车辆

（2）构建易腐垃圾生物防线，实现厨余无害化处置

为进一步提高易腐垃圾减量化、资源化、无害化处置水平，深化“无废城市”建设，新昌县因地制宜，以数智赋能为切入点，创新“餐厨垃圾 + 昆虫养殖”生态处理模式，全面提升易腐垃圾智能化管理水平（图 5-12）。该项目是全省首个采用腐生性昆虫黑水虻规模化养殖技术的生活垃圾处理项目，获得时任副省长陈奕君、彭家学的批示肯定。通过优化黑水虻深加工处理，现已形成前期市场良性运作，2024 年，全年日均处置 75 t 易腐垃圾、第三、第四季度日均处置量提升至 90 余吨，年处置 27 536 t，因养殖黑水虻产生附加经济效益 1 300 万元（产生利润约 260 万元）；2.0 版生态养殖基地满负荷生产，日均最大可处置 180 t，年可处置 64 800 t，因养殖黑水虻产生附加经济效益 3 200 万元；通过餐厨垃圾喂养产出的黑水虻鲜虫可售 2 500～3 000 元 /t、干虫可售 5 500～6 000 元 /t、干虫制成蛋白粉可售 12 000 元 /t，目前已与山东、浙江、江苏等地渔业企业和饲料厂达成合作。虫粪加入菌种进行二次生物发酵，转化为成熟

稳定的有机肥可售 600 元 /t（图 5-13）。新昌县易腐垃圾通过养殖黑水虻进行高效生物转化，资源化利用率达 97%，无害化处理率达 100%，有效破解餐厨垃圾监管处置难题。

图 5-12　新昌县易腐垃圾收运智慧平台

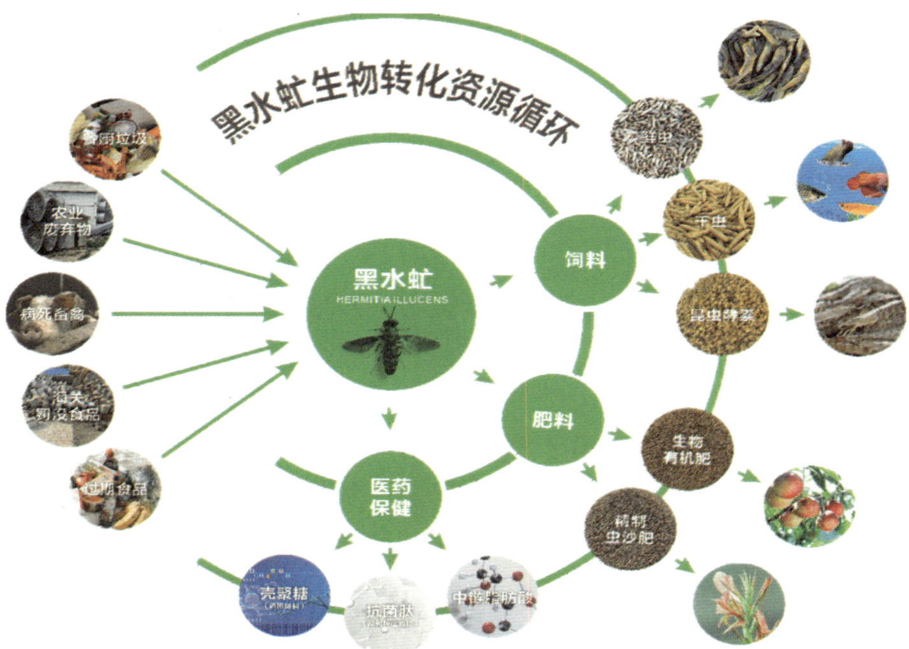

图 5-13　黑水虻生物转化资源循环路径

5.4 鹿城区——以多元创新引领无废生活新风尚 共筑绿色鹿城“无废”梦

5.4.1 建设概况

自2019年起，鹿城区紧跟党中央、国务院及省委、省政府战略步伐，全面铺开全域“无废城市”建设壮丽画卷。鹿城统筹全局，精细布局，2020年，出台《鹿城区全域“无废城市”建设工作实施方案》，细化职责，构建“区级—部门—基层”三级联动体系，确保“无废”理念深入人心，行动落地生根，荣获浙江省首批“无废城市”殊荣。2022年，鹿城再次发力，迭代升级实施方案，月度报送、定期例会、过程督查等制度的确立，为“无废城市”建设提供了坚实的制度保障。2023年，鹿城借势“无废亚运”，创新性打造全省首个“无废生活”精品体验带，全国首设“无废会员日”，将“无废”理念融入百姓生活，展现了鹿城独有的“无废”魅力。步入2024年，鹿城深耕“无废生活”体验带建设，探索“无废城市”建设由点状向区域化和集团化转变，助力省级“无废商圈”标准出台，持续为“无废城市”建设注入新活力。“无废生活”精品体验带完成习近平生态文明思想国家实践案例编写与报送，并荣获浙江省全域“无废城市”建设最佳实践案例，彰显了鹿城的绿色智慧。同时，“无废商圈”建设如火如荼，蒲鞋市文旅商圈、五马街道历史文化街区等入选省级重点培育名单，十九大类198个“无废城市细胞”遍地开花，绿园社区与蒲鞋市小学更是被评为浙江省百优细胞，鹿城从蓝图到实践的“无废”之路越走越宽广。

5.4.2 主要做法和成效

（1）完善体系，勾勒垃圾分类新版图

鹿城通过构建体系、升级设施、深化管理等措施，破解生活垃圾混收混运、源头减量等难题。创新构建“三端一链”治理体系，连续5年荣获省生活垃圾治理工作优秀县称号，“以桶换桶”模式获评浙江省生活垃圾分类管理典型案例，有效解决老式车辆“滴撒漏”“脏乱混”问题。完成垃圾房改造提升400余座，安装监控1 539个，配套建设易腐中转站、有害暂存站和其他中转站，全区976个住宅小区和205条商业街垃圾分类投放清运实现全覆盖。实施收运车上路许可审批制，试点推进

商户生鲜果蔬等易腐垃圾统一化管理，不断提高易腐垃圾分出率。截至2024年，鹿城易腐垃圾清运量占比[1]由2020年的9.7%提高至34.40%，生活垃圾回收利用率[2]由2021年的27.59%提升至47.16%（图5-14）。

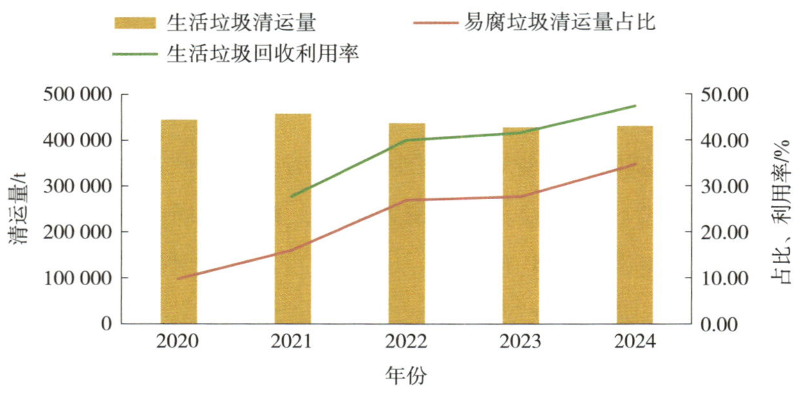

图5-14　2020-2024年鹿城区生活垃圾产生及处置情况

（2）规范行业，重塑再生资源新循环

鹿城按照"科学谋划、城乡统筹、两网融合、分散收集、集中分拣、统一经营"的思路，推动全区再生资源行业规范提升，通过"人工+遥感卫星"双排查，形成整治清单，建立"属地管理+部门协同"联合执法机制，开展常态化检查和"回头看"，利用清单化管理、台账式销号全面推进整改，建立"属地管理+部门协同"联合执法机制，开展常态化检查和"回头看"。完善顶层设计，编制《鹿城区再生资源回收体系发展规划》，科学指导行业发展，积极培育规范化分拣中心，截至2024年，区域再生资源规范化分拣中心建成2个，年分拣量合计高达9.5万t，再生资源合计回收量[3]由2020年的7.53万t提高至10.40万t，再生资源回收利用率[3]由2020年的50.90%提高至68.30%（图5-15）。

（3）突破瓶颈，开启资源利用新篇章

2022年鹿城建筑垃圾综合利用率[4]为73.19%，为促进建筑垃圾资源化利用，鹿城着力简化建筑垃圾资源化利用项目用地审批手续，积极推动规模化建筑垃圾资源化

1　相关数据来自鹿城区综合行政执法局。
2　相关数据来自鹿城区综合行政执法局，其中2020年国家未要求相关统计。
3　相关数据来自鹿城区商务局。
4　相关数据来自鹿城区综合行政执法局。

利用示范项目建设，培育市级固体废物回收利用骨干企业（温州环禹再生资源有限公司），成功在双屿街道和藤桥镇建设资源化利用场所，努力补齐建筑垃圾处置能力短板，2024 年，全区综合利用年设计产能达 461 万 t，建筑垃圾综合利用率达 96.87%（图 5-16），较 2022 年提高了 23.68%。持续做好建筑垃圾运输、处置评估相关工作，开展建筑垃圾专项整治行动，重点打击违法排放、非法运输、随意倾倒建筑垃圾等行为，健全完善全过程数字化闭环管理体系，基本实现建筑垃圾处置全过程闭环，建筑垃圾种类、数量和流向等情况可追溯、可管控。

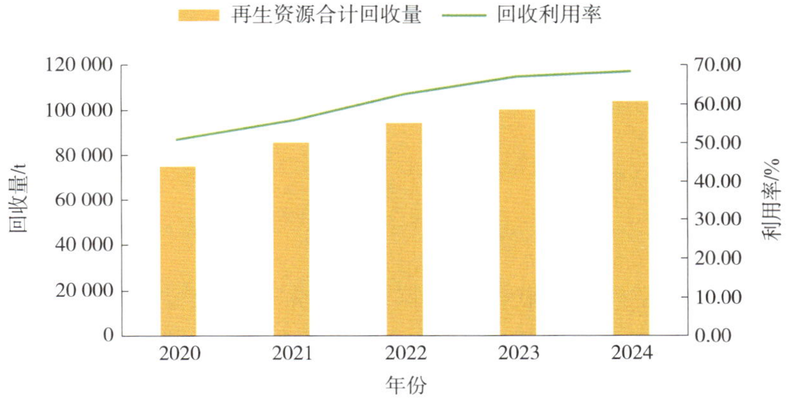

图 5-15　2020—2024 年鹿城区再生资源回收利用情况

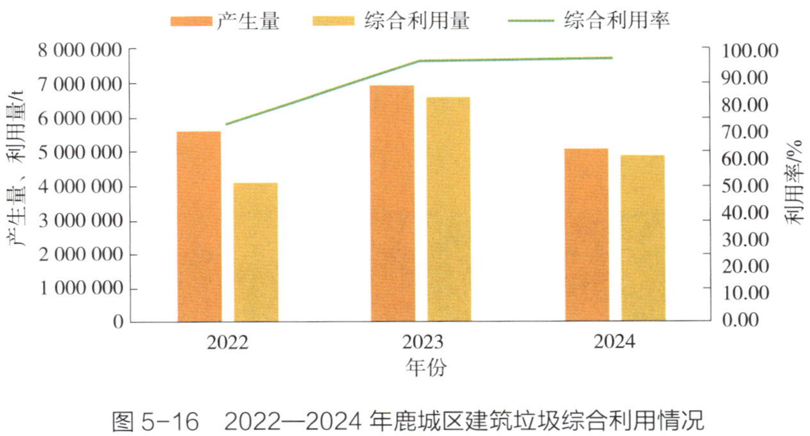

图 5-16　2022—2024 年鹿城区建筑垃圾综合利用情况

（4）政企协同，绘制减污降碳新蓝图

鹿城以代表性产业和重点危险废物行业推动减污降碳为抓手，努力实现绿色低碳发展。以皮鞋制造特色产业重塑为突破口，出台行业管理规范和整治提升方案，全力

推进“鹿城（中国）鞋都”省级减污降碳协同试点园区建设工作，浙江鹿城经济开发区上榜 2024 年国家级绿色工业园区，并成功入选浙江省第五批减污降碳协同试点县（市、区）。推进生产线绿色低碳改造更新，培育巨一、中胤、和道等标杆企业，累计实施鞋类智能化技改项目 165 个，生产线节能改造项目 56 个，规模以上工业数字化改造覆盖率达 74.7%，排名温州市第一。持续开展涉 VOCs 活性炭吸附处理设施改造提升工作，完成涉 VOCs 企业低效设施更新升级和源头替代 1 085 家。推动国家先进医疗废物处置技术（益科公司多级自持裂解技术）研发和应用项目立项，在减污降碳资源化利用的同时，实现经济效益增加。现已通过技术验证评价并取得国家专利，为医疗废物处置领域减污降碳协同增效发展提供新路径，新技术医疗废物处置范围覆盖瓯海、鹿城、乐清、苍南、瑞安等县市区，合计 3 000 余家医疗机构，处置量约占温州市产量的 50%。

5.4.3 特色亮点

为探索“无废城市”由点状建设向区域建设转变，打造省内无废场景实验地，以“无废城市”建设推动城市有机更新，鹿城以“无废亚运”行动为契机，选取蒲鞋市街道为试点，创新打造全民参与的“无废生活”精品体验带。市、区两级投入 1 000 余万元撬动社会资本 2.35 亿元，打造“理念启航”“塘河雅韵”“旧城蜕变”“共享生活”“亚运赛事”五大板块和“十六个一”精品无废元素（图 5-17），双井坊商圈在全省率先探索“无废商圈”建设标准，蒲鞋市街道在全省率先打造无废街区，发布“无废商圈”公众十条，创新推出无废公园、无废菜市场、无废办公等“无废生活”场景行为十条。

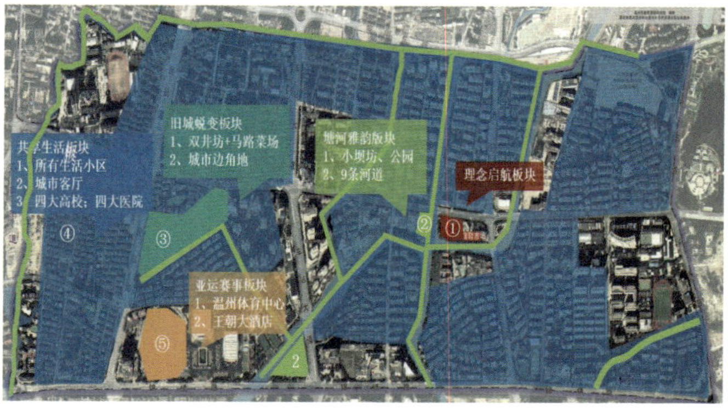

图 5-17 “无废生活”精品体验带五大板块手绘地图

（1）创新推出全国首个“无废会员日”，打造绿色消费新模式

双井头马路菜场创新组建“无废商家联盟”，成立“无废”自治协会，推出“每逢30逛双井”活动（图5-18），通过打卡集章，提篮买菜享受优惠，提升商圈人气，深植“无废生活”，打造首条限塑马路菜场。180家商家加入“无废联盟”，超2万人成为“无废会员”，累计减少产生“白色污染”270 t，实现客流量增幅10%以上，被中央电视总台、《中国环境报》等媒体报道。

图5-18　2023年12月30日蒲鞋市“无废商圈”双井头菜场“无废会员日”活动现场

（2）将“无废”理念融入基层治理，实现环境效益与经济效益双赢

将“无废”理念融入老旧小区改造，以旧修旧建设小坝坊、双井坊（图5-19），减少建筑垃圾6 400 t、碳排放2 300 t，变“乱点堵点”为“文旅热点”，双井坊商圈日均最大客流量超2万人次，年营业额4.6亿元。创新易腐垃圾资源化利用，推出“一米菜园”等回收场景，社区易腐垃圾源头分出率已达80%以上。聚焦绿色出行，实现“交通微循环”全覆盖，累计施划车位5 141个、增收1 920万元。

（3）构建”绿色金融＋无废城市”创新体系，启动无废城市建设新引擎

创新引入银行绿色金融支持，在五马历史文化街区提质扩面“无废会员日”（图5-20），五马“无废会员日”当天消费者数量和商铺营业额均提高10%～20%，成功打通“无废行为”和金融鼓励转化渠道，实现“群众、商家、银行、政府”四方共赢，在温州地标商圈擦亮“无废鹿城”城市标识。

图 5-19　小坝坊（左）、双井坊（右）修旧如旧改造前后对比

图 5-20　绿色金融加盟“无废会员日”活动现场

（4）特色化差异化探索无废新场景，开拓无废城市多元赋能新路径

汲取体验带成功经验，助力省级“无废商圈”建设，挖掘无废特色，营造内涵更丰富的“无废”场景，提高公众“无废”参与度。蒲鞋市寓教于乐研发“无废城市

棋遇记”游戏、开展付费高质无废研学活动；滨江举办知名艺术家无废艺术展；五马开展“无废商户”星级评价制度（图 5-21），创新“无废 + 山海协作”“无废 + 咖啡街”“无废 + 市集”等应用场景，构建“文化 +”固废治理新模式。

“无废商铺”建设评估细则

序号	一级指标	二级指标	评估内容和要求	评估方式	自查得分	评分得分
1	基本要求	合规性	“无废商铺”应依法设立，在建设和经营过程中应遵守有关法律法规、政策和标准。 近三年（含成立不足三年）无较大及以上安全、环保、质量等事故	符合要求组织评估		
2	基础条件（10 分）	商铺环境（5 分）	整体环境干净整洁（3 分） 商铺范围内整体环境干净整洁，无卫生死角的，得 3 分	现场检查		
			厕所环境卫生整洁（2 分） 厕所内外整洁，洁具洁净，无污垢、无堵塞、无异味，日常保洁维护管理规范的，得 2 分	现场核查 材料审核		
3		污染防治（5 分）	油烟废气合规排放（2 分） 餐饮厨房设置专用烟道的，安装使用油烟净化装置，废气污染物达标排放且无投诉的，得 1 分	现场核查 材料审核		
			污水合规排放（2 分） 实现雨污分流，污水纳管达标排放的，得 1 分	现场核查 材料审核		
			环境噪声达标（1 分） 商铺噪声未对周边居民生活产生明显影响，无噪声信访投诉的，得 2 分	现场核查 材料审核		
4	固体废物管理（68 分）	源头控制（5 分）	无废办公（1 分） 实行绿色办公，办公场所采用电子文件，推广无纸化办公，采用电子屏等形式播报商铺宣传信息的，得 1 分	现场核查 材料审核		
5			绿色采购（2 分）	材料审核		

图 5-21　2024 年 12 月五马无废商圈“无废商铺”星级评价制度（上）第一次联合检查现场（下）

“无废生活”精品体验带是“无废城市”建设的一次成功探索，鹿城将继续深化“无废城市”建设，将“无废”理念融入城市发展，为城市可持续发展贡献更多力量。

5.5 吴兴区——构建完备体系 赋能“无废城市”建设

5.5.1 建设概况

自启动“无废城市”建设以来，吴兴区始终秉持绿色发展理念，坚持以生态环境高水平保护推进经济高质量发展，统筹城市发展与固体废物管理，大力推进固体废物减量化、资源化、无害化。紧紧围绕本区实际，从童装无废、非机动车拆解、生活垃圾焚烧飞灰等几个方面入手，强化制度、市场、技术、监管等保障体系建设，持续深化收运中心协同增效。聚焦工业固体废物、农业废弃物、生活垃圾、建筑垃圾和医疗废物等固体废物污染防治的重点领域，全社会、各领域、高标准统筹推进“无废城市”建设，将“无废”理念融入城市转型升级中，拓宽绿水青山向金山银山转化路径，在产业高质量发展与固体废物源头减量、固体废物精准分类与规范收运、固废资源高效利用与处置能力提升、数字化管理与监管水平提升、工作推进机制完善与管理制度创新等方面均取得显著成效，成功打造“无废城市”的“吴兴样板”。

5.5.2 主要做法和成效

（1）以研发优势为统领，科学搭建固体废物收贮运体系

统筹城市发展与固体废物管理，强化制度、市场、技术、监管等保障体系建设，持续深化收运中心协同增效。成功破解童装废布条清运处置难题，建立前端分类、后端收集、终端利用的标准化收运制度，走出了一条具有产业特色的废布条垃圾收运及资源利用新路径；大力推进工业固体废物基础设施建设，新增一般工业固体废物利用处置能力 16 万 t/a。2024 年吴兴区一般工业固体废物主要产处情况见表 5-3、图 5-22。

表 5-3 2024 年吴兴区一般工业固体废物主要产处情况 单位：t

废物种类	产生量	综合利用量		处置量	
		本区	其他区县	本区	其他区县
SW07 污泥	119 418.398	16 491.16	3 590.50	90 692.23	32 009.5
SW59 其他工业固体废物	83 660.15	32 124.01	1 428.98	18 181.84	0
SW03 炉渣	3 072.19	1 827.5	11.14	0	0
SW02 粉煤灰	2 457.63	0	0	0	0
SW17 可再生废物	2 397.628	1 880.7	662.12	30 045.73	0

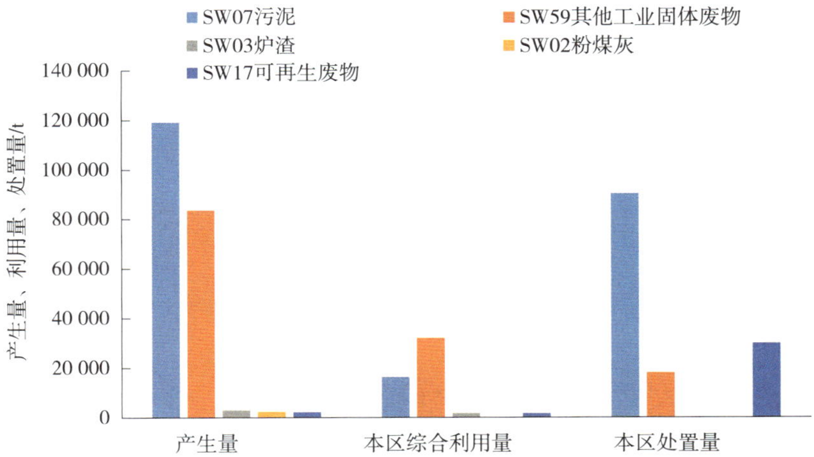

图 5-22　2024 年吴兴区一般工业固体废物主要产处情况

湖州京兰环保科技有限公司 5 万 t/a 飞灰无害化处置资源化利用项目采用“低温热分解 + 水洗处理 + 蒸发结晶分盐”工艺进行垃圾焚烧飞灰的无害化处置和资源化利用，对生活垃圾焚烧飞灰进行低温高效脱毒处理，处理产物作为建材原料，实现资源循环利用。2024 年吴兴区工业危险废物情况见表 5-4、图 5-23。

表 5-4　2024 年吴兴区工业危险废物主要产处情况　　单位：t

废物种类		产生量	综合利用（含协同处置）量			处置（焚烧和填埋）量		
			本区	本市其他区县	市外	本区	本市其他区县	市外
1	HW17 表面处理废物	23 567	18 152.74	793.55	3 716.82	48.39	0	0
2	HW13 有机树脂类废物	12 556.86	12 374.99	0	0	213.42	0	0
3	HW48 有色金属采选和冶炼废物	6 289.76	6 305.55	0	0	0	0	0
4	HW08 废矿物油与含矿物油废物	4 623.94	3 355.68	2 108.47	11 232.04	794.44	0	0
5	HW49 其他废物	3 963.34	2 794.02	1 713.19	3 580.19	1 392.56	0	0
6	HW35 废碱	2 013.9	1 965.58	42	33.06	0	0	0

续表

废物种类		产生量	综合利用（含协同处置）量			处置（焚烧和填埋）量		
			本区	本市其他区县	市外	本区	本市其他区县	市外
7	HW12 染料、涂料废物	1 012.52	201.5	0	0	1 003.74	0	0
8	HW22 含铜废物	795.75	817.52	0	0	0	0	0

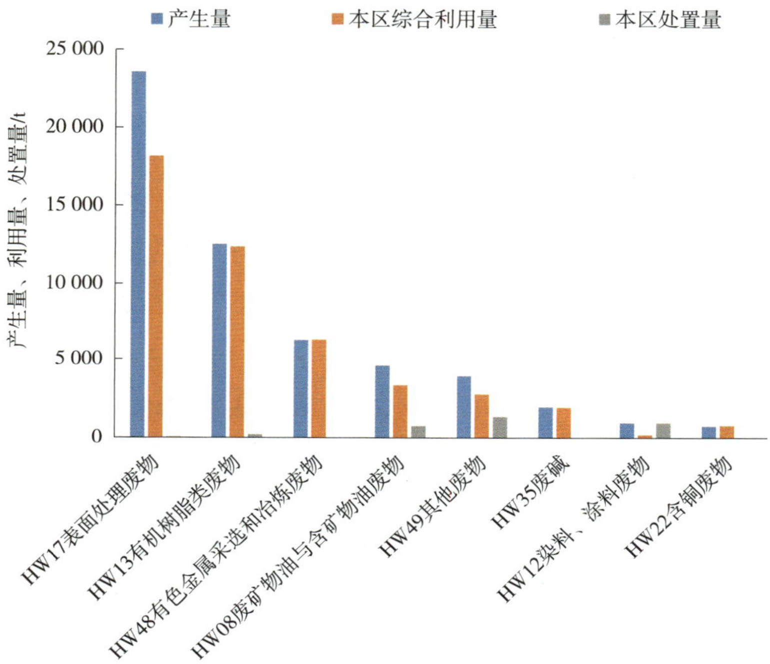

图 5-23　2024 年吴兴区工业危险废物主要产处情况

全区 424 家医疗机构均与医疗固体废物处置公司签订收集、处置协议，医废收集率、处置率均达到 100%。全力抓好畜禽场深化整治、畜禽养殖排泄物资源化利用、病死动物无害化收集处理、美丽生态牧场创建等工作，粪污综合利用率达到 98% 及以上，病死动物无害化处理率达 100%。对农药废弃包装物进行统一收集分类和保管。积极开展秸秆肥料化、饲料化、能源化、基料化、原料化等五化利用，因地制宜着重示范推广稻麦秸秆粉碎还田技术、大小麦免耕直播稻草覆盖还田技术等秸秆资源化利用技术。实现农作物秸秆资源化、生态化。促进农业良性循环，改善农村环境质量，助推农民增收致富。新建铛铛师傅分拣中心，日分拣量可达 100 t，实现可回收物精分细分，与农村回收站点紧密结合助力“两网融合”（图 5-24）。

图 5-24 “铛铛师傅”小程序（左）和统一装备（右）

（2）以数字赋能为引领，大力构建智能监管数字体系

以实现全周期全链条数字化为目标，不断提升智治水平。完成“浙固链”数字化应用改革省级试点，推广危险废物“一码溯源”全流程闭环监管模式，为全省推广提供吴兴经验。创新打造“织里净”铝灰全过程监管平台，将“一码溯源”、智能监控、线下执勤有机结合，实现高效执法和精准查处。打造农村生活垃圾智能到户收集、物联云上台账、智慧动态回收三大数字应用，实现农村生活垃圾精准分类全覆盖。

通过浙江省建筑垃圾监管服务系统，将建筑垃圾数据进行应统尽统，通过对建筑垃圾产生端、运输端、处置端的全流程管控。系统推进“机器换人”智慧化监管、可回收分拣中心、“两网融合”、标杆示范等工作，成功创建省级垃圾分类高标准示范村 16 个、省级高标准小区 124 个。

（3）以“无废城市细胞”为率领，全面营造公众参与体系

纵深推进“无废城市细胞”建设，巩固提升建设成效，始终坚持在全社会、各领

域培育“无废文化”，实现“无废城市细胞”点上开花，连点成线。着眼城乡家庭实际，与“美丽乡村”建设、美丽庭院创建、美丽阳台和垃圾分类等工作相结合，着力建设“无废家庭”，抓牢绿色主题宣传，常态传递“绿色生态”正能量。充分利用潞村金名片，在潞村召开绿色读书会，向社会各界发起参与“无废城市”建设倡议。定期开展“无废循环”跳蚤市场活动，开设“无废课堂”，宣传学习“无废”知识，真正体验到“无废”生活的意义（图 5-25）。

图 5-25　无废街区风貌

5.5.3　特色亮点

（1）攻克废布条资源利用难题，推动童装产业高质量发展

吴兴区织里镇是全国首批小城镇综合改革试点镇、第三批国家新型城镇化综合试点地区。镇区童装产业的蓬勃发展给城镇居民带来了可观的经济效益，但生产过程中也产生了大量的废布条，尤其在生产旺季，废布条混入生活垃圾，清运和处置都成为难题。为解决废布条问题，织里镇对废布条进行全过程管理，探索出一条具有产业特色的布条垃圾分类及资源利用新路径。建立分类收运网络，实现标准清运模式（图 5-26）。

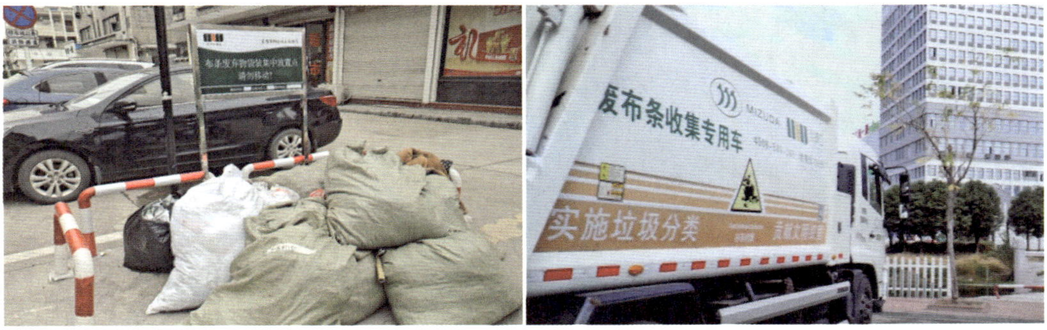

图 5-26　布条垃圾定点投放和收集专用车

通过社区宣传发动、执法力量介入、环卫设施布点等举措规范前端分类，与第三方公司开展垃圾分类一体化合作，形成了布条垃圾“不落地、袋装化、定点投、专车运、资源化”的五步标准作业流程。在全镇设置布条垃圾投放点共 296 个，废布条装袋后定点投放，专车专运。同时根据童装生产淡旺季等特殊情况合理调整收运时间和收运次数，有效防止废布条大量堆积。实行人员网格管理，加强宣教执法监督。以社区为单位，人员力量下沉，实行网格化管理，压实各方责任，确保分类收集有序开展。依托美欣达集团的研发优势，实现废布条的资源化综合利用。通过前端分类收集，引进物料分选系统设备，最终将废布条生产成符合应用终端和标准的固体替代燃料（RDF），替代水泥窑、热电厂以及生活垃圾焚烧厂的燃煤，节约能源使用，减少温室气体排放（图 5-27）。同时，积极拓展废布条其他资源化利用方式，利用废布条作为原料制成户外生态板材基板、生态内外墙装饰面板基板、环保型材等新型复合材料，进行资源化利用深度探索。

布条垃圾分类工作难点多、任务重，吴兴区以宣传教育为引导，以完善点位布局、加大执法力度、减桶提质、推行桶长制为中心，抓重点破难点。经过攻坚克难、提标提档，布条垃圾分类质量显著提升，分类后的年布条垃圾总量从最初的 1 万 t 达到了现在的 4 万吨以上。以织里镇每年 4.1 万 t 布条垃圾为依据，制作成固体替代燃料，替代水泥窑、热电厂以及生活垃圾焚烧厂的燃煤，可节约煤炭近 2 万 t（按照热值折算），每年可以减少二氧化碳排放近 6 万 t，真正实现“变废为宝、节能降碳”。

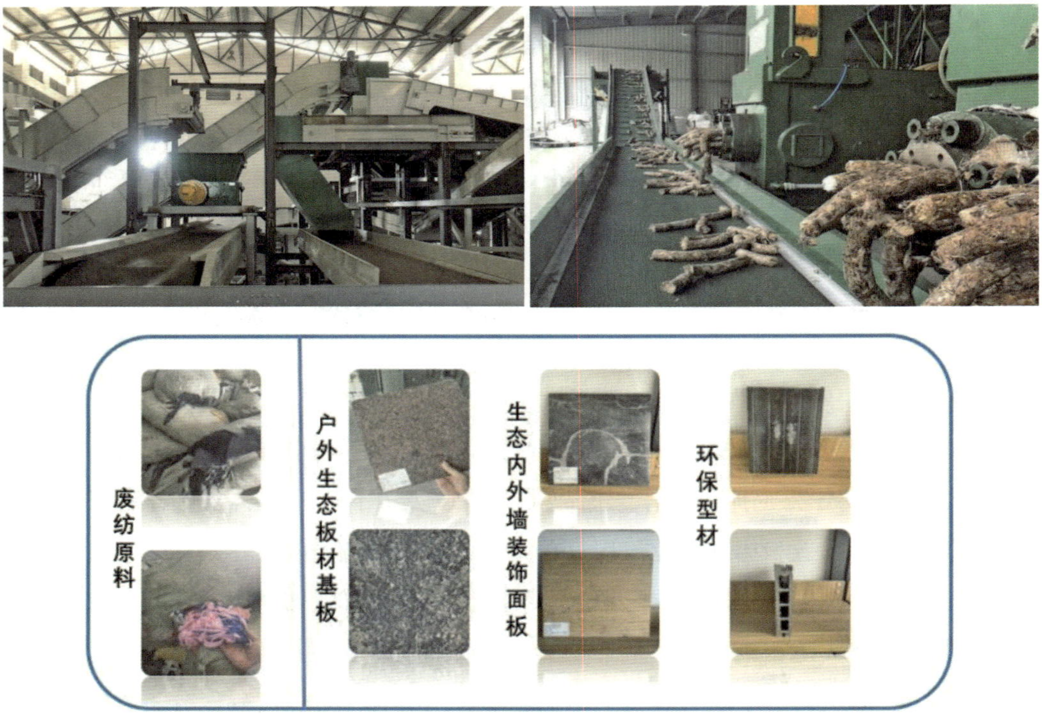

图 5-27　美欣达集团固体替代燃料制备示范项目生产线

（2）建设机动车拆解绿色循环产业园，打造全省循环经济标杆

为解决机动车拆解行业普遍存在的露天无序拆解污染大、执法难、利用率低等问题，吴兴区打造机动车拆解绿色循环产业园，有效推动报废机动车高效回收、精细拆解和高值利用，构建形成“收、拆、分、再利用”完整产业链，全面提高行业数字化、机械化、绿色化、产业化水平。目前，该园区已实现年回收机动车 10 万辆、破碎 20 万 t，拆解回收能力居全国第三位、全省第一位。成功列入全省循环经济“991”行动计划重点项目，环境治理综合水平稳居汽车拆解行业全省第一名。

一是回收模式数字化，全力提升报废效率。开发使用线上报废回收应用小程序（图 5-28），实现交车、拖运、咨询等信息交互功能，线上回收报废车辆达到总回收量的 20%。研发 EPR 数据系统（企业集成化管理信息系统），打造远程注销和监销办理双平台，实现报废机动车回收、报废注销、回用件销售等信息化管理全覆盖，实现车辆查验收车效率提高 50%，从申请到注销最快 1 天办结。

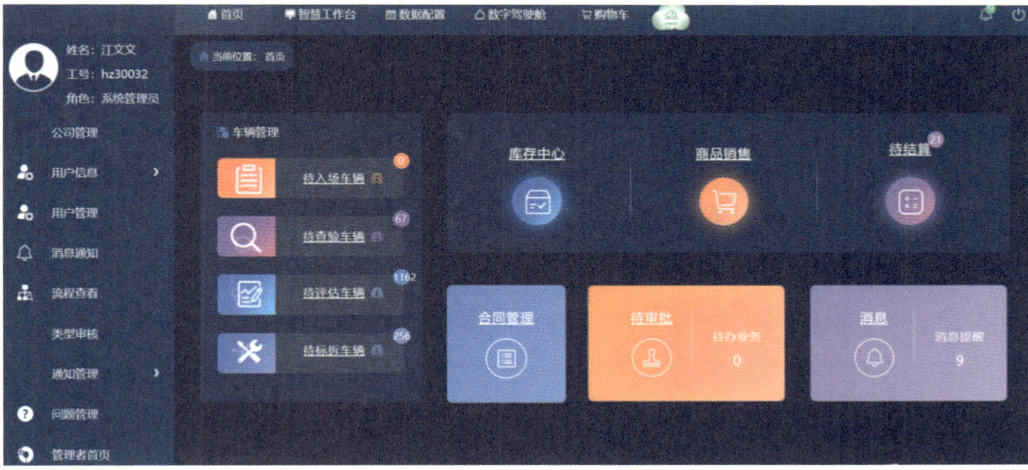

图 5-28　湖州美欣达机动车回收拆解有限公司信息化管理系统

二是回收工艺机械化，全力提升作业质量。应用流水线工艺，实现拆解高效化。通过流水线式拆解，合理分解工序、高效输送物资，大幅提高拆解效率和效益（图 5-29）。同时，所有拆解工序流转全部由自动引导小车完成，大幅降低物料转移过程中劳动力投入。目前，已实现最快 3 分钟拆解一辆机动车，拆解效率较传统生产线提高近 3 倍，达到行业顶尖水平。应用冷拆解工艺，实现拆解精细化，将原有传统的氧割拆解转为“冷拆解”，提高生产效能。应用该工艺实现整车利用率提高约 8%，单车拆解经济价值提高约 1 000 元。

图 5-29　汽车拆解全自动生产线

三是回收过程绿色化，全力实现近零排放。对预处理、拆解作业和场内转运设施设备全部安装废液滴漏收集装置，并经油水分离、隔油分解等 7 道处理工艺后实现达标排放。针对预处理作业挥发油气、油箱清洗废气，将该工段设计为密闭性微负压环境，产生的有机废气经收集、处置后达标排放。对报废车辆经破碎、磁选等过程分离出钢、铜等可回收废料后残留废料，筛选出可销售的重质废料和压缩制成燃料棒用于发电的轻质废料。目前，年均可提供轻质废料 1 200 余吨、发电 191 万 kW · h。针对三元催化器、铅酸电池等危险废物，建立高标准危险废物单独储存仓库，确保安全后交由危险废物处置单位进行无害化处置或回收利用。

四是回收利用产业化，全力挖掘资源价值。精细分拣破碎料。打造年处理 20 万 t 规模的破碎中心，运用物理破坏技术将拆解后的车身经分拣、破碎后得到高纯净度的破碎料，经打包回收再加工后实现资源循环利用。2022 年以来，园区累计资源化利用废品 5.6 万 t，实现营业收入近 3.9 亿元，相当于减少二氧化碳排放 8.8 万 t。深度加工再生品。打造年处理能力 1 000 t 的废旧动力电池资源化利用中心，开展多场景梯次利用业务以实现资源循环。打造废旧轮胎再生利用中心，引进绿色环保一体化脱硫等技术，形成年产再生橡胶 6 万 t 和胶粉 2.5 万 t 的生产规模。2022 年以来，累计梯次利用动力电池 557 t，生产再生橡胶 5 000 t、胶粉 3 万 t。

5.6 海盐县——绿色低碳循环发展 打造“无废城市”海盐样板

5.6.1 建设概况

海盐县地处杭嘉湖平原，素有“鱼米之乡、丝绸之府”的美誉。依托“海滨广斥，盐田相望”的生态本底，该县以绿色经济为引擎，连续斩获省工业强县等多项殊荣，为“无废城市”建设奠定坚实基础。

2020 年，海盐县率先启动“无废城市”系统工程，出台《海盐县“无废城市”建设工作实施方案》等文件。在《浙江省全域“无废城市”建设实施方案（2022—2025 年）》颁布后，因地制宜精准制定《海盐县“无废城市”建设工作方案（2022—2025）》，落实“年度任务 + 绩效考核”机制，实现全域覆盖、责任闭环。

海盐县以习近平生态文明思想为指导，秉持“减量化、资源化、无害化”的原则，打造“生产、生活、生态”三生融合标杆，2023 年以全省第五、全市第一的公众满意度（90.83 分），荣膺浙江省首批四星级“无废城市”。截至 2024 年底，建成

222 个“无废城市细胞”矩阵，培育国家级绿色工厂 4 家、绿色设计示范企业 1 家、绿色供应链企业 2 家，形成可复制的循环经济生态样本。

5.6.2 主要做法和成效

（1）建设海盐绿能环保项目，摆脱“垃圾围城”困境

面对生活垃圾产生量 10 年翻倍的严峻挑战，海盐县以科技赋能生态治理，投资 6.8 亿元，建成日处理 800 t 的智能化垃圾焚烧系统。项目采用国际领先的“餐厨预处理 + 全混厌氧发酵”技术，通过五重烟气净化工艺达到欧盟 2010 排放标准，让每吨垃圾在熊熊炉火中转化为清洁电能。该项目不仅让全县生活垃圾实现 100% 无害化处置与资源化利用，更是打造出“垃圾发电—资源再生—环境美化”的循环经济闭环。年发电 1.4 亿 kW · h 的绿色能源，相当于 8 万户家庭全年用电量，每年减少燃煤 6.8 万 t，为长三角蓝天保卫战注入强劲动能。

在项目建设过程中，政府创新采用“透明共建”模式，33 场专题听证会搭建沟通桥梁，党员干部入户走访解疑答惑，“眼见为实”的常州项目考察之旅赢得群众信任。如今，这座花园式厂区已成为环保教育基地，厂房屋顶光伏矩阵与生态景观水池交相辉映，见证着环境保护与民生改善的双赢实践。

（2）深化“全周期模式”，提升建筑垃圾治理精细化水平

海盐县率先构建建筑垃圾全周期治理体系，通过“源头革命—智慧监管—循环再生”三维创新，打造出建筑垃圾减量化 94% 的治理样板，连续 3 年达成嘉兴市建筑垃圾治理综合考核优秀（图 5-30）。

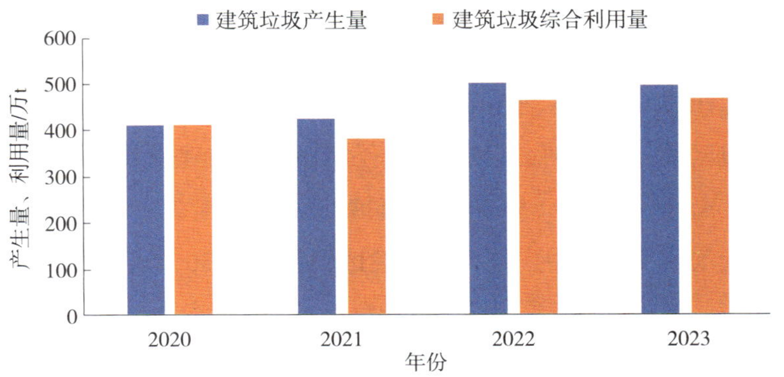

图 5-30 2020—2023 年海盐县建筑垃圾产生和利用情况

数据来源：海盐县综合执法局。

在全省率先落地混凝土装配式高层建筑示范项目，通过工业化建造技术实现固废排放锐减 50%。要求施工单位同步编制垃圾处置方案，实施周转材料智能调度系统，使建材重复利用率提升 40%。

构建“数字孪生 + 联合执法”立体防控网，接入省“一网智治”系统实现处置去向线上审核、线下勘查双线核验，推行电子联单全程溯源管理，全年查处违法案件 3 000 余起，跨省（区、市）联合破获偷倒案件 40 余宗，形成源头可溯、中途可控、末端可查的精密智控闭环。

投资建设隐马山消纳场工程，以 580 万 m^3 容量构建起渣土“调节库”。同步打造建筑垃圾“转化工厂”，协调县域内资源化利用企业、直接利用场所等渣土产出 - 消纳需求推进回收利用，生产再生骨料、水泥砖、预制构件等产品，2023 年实际处置建筑垃圾 40.2 万 t，真正让建筑废料变身“城市矿产”。

（3）能源优势推动产业转型，唱响“零碳”城市新篇章

“无废城市”建设与“双碳”目标一脉相承，海盐县因地制宜发掘特色能源优势，推进产业绿色转型，实现绿色低碳高质量发展，助力美丽浙江建设。

海盐县与秦山核电积极落实碳达峰碳中和要求，携手“核电共享梦”，共建零碳未来城。2021 年 6 月，秦山核电站与海盐县成立浙江零碳热力有限责任公司，12 月核能供暖项目正式投运，3 个小区获得供暖，海盐成为中国南方首个核能供暖城市，荣获“浙江省核能综合利用示范城市”。2025 年项目全部建成后，年供热量将达到 70.4 万 GJ，满足 400 万 m^2 供热需求，每年节约电能消耗 1.96 亿 kW · h，相应减排二氧化碳 6.3 万 t。

海盐县深入实施产业转型升级，因地制宜发展清洁能源。自 2021 年海盐县被列为全国整县（市、区）屋顶分布式光伏开发试点以来，海盐县财政积极发力，通过组建国企、优化补贴、财金联动等多举措重点实施“光伏 +”工程，推动实现能源绿色低碳转型。截至 2025 年 1 月，已有 85 个子项目完成组建安装并网发电，累计发电 3 196.27 万 kW · h，节约 9 611 t 标准煤，累计减排二氧化碳 26 337 t。2024 年 11 月，嘉兴市首个海上光伏项目——中广核海盐开发区码头一期 30 MW 滩涂光伏发电项目成功实现并网发电，作为清洁能源项目，平均每年可产生绿色电能约 3 354.7 万 kW · h，相当于海盐所有居民 1 个月用电量。

5.6.3 特色亮点

（1）开展“绿岛”建设构建活性炭公共服务体系

在大气治理中，活性炭吸附作为技术成熟、简单易行、治理成本低、适应范围广的处理技术，成为目前废气治理领域的主流技术之一。但随之而来的问题也较为突出——使用高效颗粒炭的企业数量不多，活性炭使用时长超标导致吸附能力不足等问题，活性炭吸附设施运行状况不容乐观。

在此背景下，海盐县创新编制全国首个废气治理活性炭再生领域地方标准《挥发性有机物活性炭分散吸附－集中再生管理与服务技术规范》（图 5-31），探索搭建全省首个“炭管家”数字化管理平台率先发展挥发性有机物活性炭分散吸附－集中再生治理模式，开展失效活性炭再生利用项目“绿岛”建设（图 5-32）。

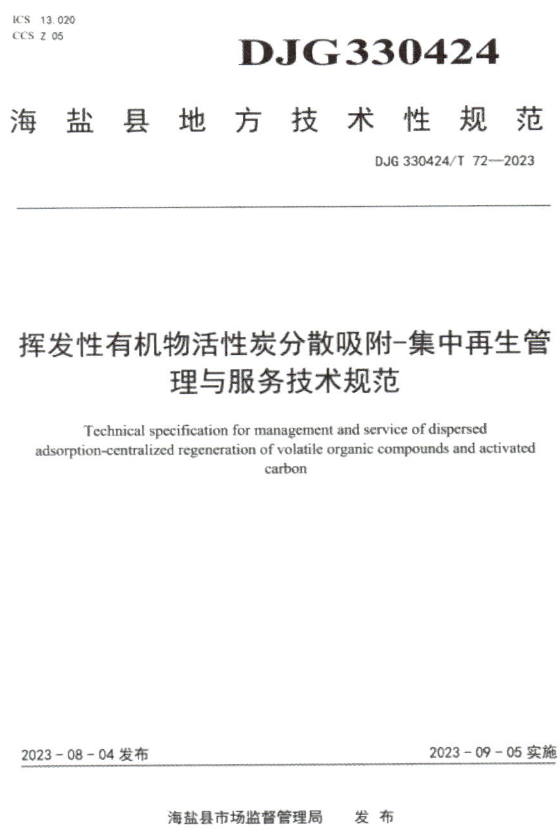
ICS 13.020
CCS Z 05

DJG330424

海 盐 县 地 方 技 术 性 规 范

DJG 330424/T 72—2023

挥发性有机物活性炭分散吸附-集中再生管理与服务技术规范

Technical specification for management and service of dispersed adsorption-centralized regeneration of volatile organic compounds and activated carbon

2023－08－04 发布　　2023－09－05 实施

海盐县市场监督管理局　发 布

图 5-31　全国首个废气治理活性炭再生领域地方标准

图 5-32　百步联友印刷园区废气治理活性炭公共服务体系宣传展板

项目通过配置回转窑、蒸煮釜、沸腾炉等生产设施，添置流化床处理装置，建立标准化仓储车间，升级生产智能一体化控制系统，建成全市唯一活性炭集中再生中心（图 5-33、图 5-34）。为全域“无废城市”建设实践提供“海盐样板”。

图 5-33　活性炭集中再生中心

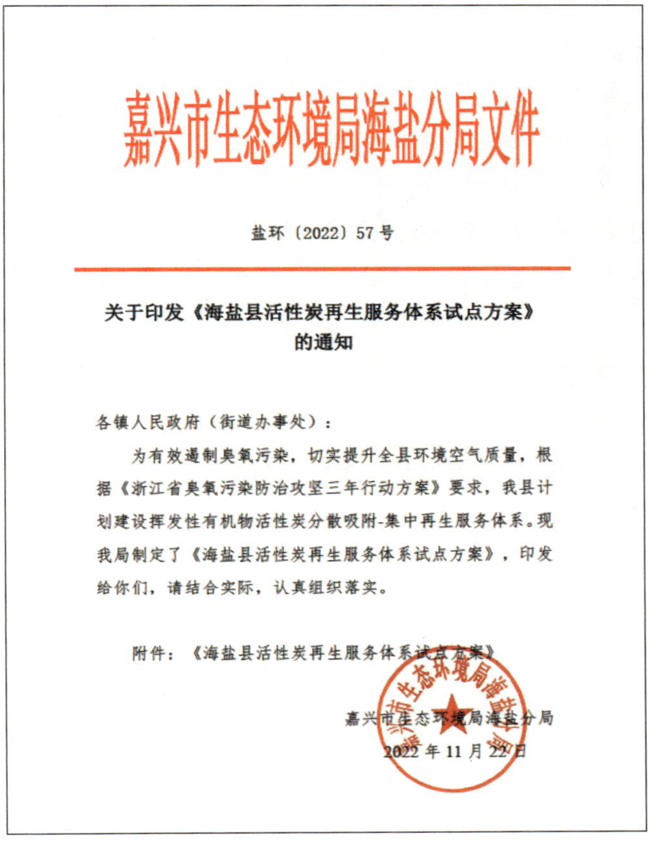

嘉兴市生态环境局海盐分局文件

盐环〔2022〕57号

关于印发《海盐县活性炭再生服务体系试点方案》的通知

各镇人民政府（街道办事处）：

为有效遏制臭氧污染，切实提升全县环境空气质量，根据《浙江省臭氧污染防治攻坚三年行动方案》要求，我县计划建设挥发性有机物活性炭分散吸附-集中再生服务体系。现我局制定了《海盐县活性炭再生服务体系试点方案》，印发给你们，请结合实际，认真组织落实。

附件：《海盐县活性炭再生服务体系试点方案》

嘉兴市生态环境局海盐分局

2022年11月22日

图 5-34 《海盐县活性炭再生服务体系试点方案》

项目建成后，专业服务团队已提供活性炭预约上门更换及回收再生服务 340 余次，企业活性炭综合使用成本从过去一次性活性炭 16 500 元 /t 降至再生炭 8 500 元 /t，降幅达 48.5%。小微企业受益于治气设施统建模式，改造投入从单独建设方式的 6.5 万元降低至集约建设方式的 3.9 万元，降幅达 40%，达到经济效益与环境效益共赢。

（2）“稻虾综合种养”助推“肥药双减”

近年来，海盐县围绕稳定粮食生产、保障农产品有效供给、推进化肥农药减量增效、促进农民增收的目标，以深化渔业供给侧结构性改革为主线，扎实推动海盐县稻渔综合种养进入产业化、品牌化发展，获评省级稻渔综合种养重点示范县。全县建成省级稻渔综合种养示范基地 15 个，累计推广面积 5.15 万亩，种粮主体亩均净增收 3 000 多元，成为农业产业兴旺的“新引擎”（图 5-35）。

图 5-35　2024 年海盐县稻虾系列活动现场

稻虾共生的生态农业模式可以有效防止农村面源污染，水稻为小龙虾提供微生物天然饵料，小龙虾的排泄物则成为优质稻良好的有机肥（图 5-36）。据统计，稻虾综合种养每亩比常规水稻种植减少农药 0.455 L 左右，减少化肥 25 kg，种植水域经采样检测，水质明显好于河道水源。此外，秸秆在虾稻养殖中扮演着重要的角色，特别是虾苗阶段，能够为虾苗提供丰富的开口饵料，实现稻草秸秆的全量还田利用，据统计，1 万亩稻虾综合种养可资源化利用稻草秸秆共约 5 030 t，大大提高秸秆综合利用率。

图 5-36　海盐稻虾种养实景

以 2023 年为例，据统计，2023 年亩均收获成品小龙虾 129 kg，销售产值 4 128 元，小龙虾亩均效益达到 2 845 元。以 30 亩示范点测算，第一年每亩投入成本 3 675 元，分摊每年每亩投入 1 283 元，以每亩产出 125 kg 小龙虾为例，龙虾每千克的成本在 10.2 元左右。2023 年全县共推广稻虾综合种养 1 万余亩，总产值约 5 400 万元，总效益超 3 000 万元。

5.7 平湖市——金山多维度一体化推进毗邻区域固体废物协同治理

5.7.1 基本情况

平湖市坚决贯彻落实长三角生态绿色一体化发展战略部署，坚持“毗邻党建”引领浙沪跨界协同固体废物治理，以共治为两地交界区域核心主题，积极落实区域生态环境共同建设、共同保护和共同治理“三共”要求，凝心聚力，整合资源，以最有力、最实在的治固举措，回应人民群众最深切的期盼，努力打造长三角“无废”建设样板。

5.7.2 主要做法和成效

（1）思想毗邻，“两个脑袋”想一条心齐抓

一是完善协调机制。两地成立金嘉平“两山”议事堂议事协调机制（图 5-37），搭建起平湖－金山思想连心、工作联动的桥梁，先后发布《金嘉平“两山”议事堂议事规则》《金山、平湖加强工业固废风险防控监管联动意见》《VOCs 和臭氧污染联防联控办法》等。二是加强信息共享。两地持续开展联合监测、联合走航，每周对重要指标进行数据交换，及时共享监测数据和排查溯源情况。2023 年，两地对毗邻区域开展污染源摸排和走航 77 次。三是统一项目标准。深化环评联审制度，对于落户毗邻区域且环境影响范围跨越省界的项目开展联审，逐步统一毗邻区域项目准入标准。截至 2024 年 6 月底，累计互评联审环评项目 7 个。

（2）固废监管毗邻，“两只眼”监“两只手”共管

一是联合执法“亮剑”。建立落实跨界联合执法机制，规定每季度两地联合执法不少于 1 次，重点巡查交界区域工业企业环境突出问题。通过联合执法，共同消除毗

邻区域环境安全隐患，打造生态环境区域联动监管执法样本。同时，强化突发环境事件应急处置，试行交界区域环境应急演练和处置合作机制，每年制订交界区域应急演练计划，创新建立跨界环境污染纠纷预防和环境污染应急处置工作领导小组，实现多部门应急联动合作。2024 年以来，累计共开展 8 次联合执法检查，检查企业 110 余家，立案查处 3 家，另倒逼 1 家企业关停搬离。成功办理金山 - 平湖首起两省交界区域环境犯罪案件。二是“智安净土”赋能。毗邻区域渣土倾倒发现难、追溯难、成本高。“智安净土”平台创新构建“3765”整体框架，纵向贯通市、县、镇（街道）3 个层级，横向联动公安、生态环境、综合执法等 7 个部门，实现公安视频一体化平台、建筑垃圾综合监管服务系统等 6 个平台的数据集成共享。将业务流划分为事件预警、情指核查、政务推送、协同处置、结果反馈共 5 个处置流程。两地融合、分享部门数据，协同共管，达到非法倾倒固废案件快发现、快查处的目的。截至 2024 年 6 月底，成功预警处置非法倾倒事件 30 余起，查实案（事）件 20 余件，抓取成功率、有效推送率达 80% 以上。

图 5-37 “两山”议事堂

（3）利用毗邻，“两条腿”走一体化循环

一是秸秆资源利用毗邻。平湖市的秸秆资源依靠毗邻优势，经深化加工后畅销上海及周边区域。如对秸秆进行炭化，制成各项林木、花卉专用肥；将秸秆粉碎加工，输送上海养殖场做喂养饲料；秸秆经粉碎挤压，制成生物质燃料，秸秆综合循环利用水平不

断提高（图 5-38）。二是秸秆“双禁”巡查毗邻。组建平湖、金山秸秆专项整治小组，加强秸秆焚烧“人防 + 技防”巡查，加大交界区域和重点时段巡查力度，尤其是高速公路和主干道路沿线，安排专人每日利用高空瞭望系统开展在线检查。2023 年以来，全市共出动 60 795 人次，发现处置火点数 181 个，处罚秸秆焚烧案件 44 起。三是工业固废利用毗邻。以项目化合作，推动两地工业固废资源整合，实现资源互补、要素互通，做到综合利用最大化。2023 年，平湖累计向上海跨省利用废金属边角料、废塑料等工业固废累计 7 万 t。上海向平湖跨省利用脱硫石膏、废纸、废金属等工业固废近 20 万 t。

图 5-38 秸秆“五化”利用

5.7.3 特色亮点

（1）前瞻性

平湖与金山很早就探索建立“五方联席会议”，共同治理生态环境。经过十余年的发展，成长为党建、协同、共治、共享的一体化“两山”议事堂。每年根据工作的重点和交界区域治理的难点，进行有针对性的商讨，制定落实可操作性的方案。

（2）实效性

通过秸秆利用创新形成“稻—菇—笋”生态循环农业产业链。双孢蘑菇种植面积达 144.3 万 m^2，芦笋种植面积 5 000 多亩，年消耗秸秆达 3 万 t，合计销售额达 1.8 亿元、利润 6 000 万元。秸秆商品化外销量达 2 万 t/a。秸秆离田利用实现年节本增收共 515.62 万元。

杰森石膏公司通过利用上海的优质脱硫石膏，制作石膏板，打入建材高端市场，为杭州亚运会提供了 50 万 m^2 石膏板以及配套的 700 t 轻钢龙骨，经济效益超过 1 亿元。

（3）示范性

案例在省“无废之窗”刊载，是近几年唯一通过长三角一体化最佳案例遴选的生态案例，被《中国环境报》头版头条报道，在中国“无废城市”公众号发布，多次在浙江新闻、浙里在线等主流媒体报道，为毗邻区域固废协同治理提供了示范。

5.8 鄞州区——“三个一”深耕生活垃圾智慧收运监管体系

5.8.1 基本情况

生活垃圾分类是助推“无废城市”建设的绿色载体。近年来，鄞州区牢固树立践行“绿水青山就是金山银山”和“人民城市人民建，人民城市为人民”的重要理念，聚焦数字赋能，统筹城乡一体，探索形成了定人、定车、定线、定点、定时，统一标准、统一平台、统一监管的“五定三统一”收运模式，有效解决垃圾收运不及时，城乡标准不统一，垃圾控量不精准等问题，推进生活垃圾分类收运迈入“数智治理”新阶段。

5.8.2 主要做法和成效

（1）突出全域贯通，数字收运“一网统管”提升服务效率

通过“一站一码”模式，进一步规范收运流程、健全收运体系、畅通市民参与渠道，有效避免垃圾收运不及时等问题发生。一是收运“规范化”。科学规划收运线路 107 条，对每一站点精准定位，设定车辆到达、收运作业时间，将车辆内部摄像头与垃圾房摄像头纳入监控系统，实现一网统管。收运作业人员完成收集、打扫等工作后，扫码打卡，该站点即可显示绿灯状态，有效避免收运漏站现象。后台人员可借助系统实时掌握收运人员工作状况，杜绝出现过早收运噪声扰民现象。二是流程“可视化”。部分老旧小区因无固定垃圾房，每日需将垃圾桶归集至路边等待收运。借助该系统，社区、物业通过扫描各站点独立二维码，即可在路线图上查询收运车辆所处位置，预判车辆到达时间，合理掌控归集时间点，从而减少垃圾桶滞留马路时间和对路面交通的影响。三是反馈“即时化”。开通“市民参与”模块，居民可通过站点扫码，

查看垃圾收运情况，了解垃圾分类知识，并借助星级评定、拍照、留言等方式，对收运工作提出意见建议，发挥“全面监督、共同管理”重要作用。

（2）聚焦机制重塑，城乡统筹“一体展现”绘就美丽乡村

鄞州区以横溪镇为试点，推动生活垃圾数字化收运体系向乡镇“毛细血管”延伸，助推美丽乡村增“颜”提“质”（图 5-39）。一是突破城乡数据壁垒，破底数不清难题。将乡镇收运站点、车辆、中转站统一接入智慧收运系统，有效打通行业主管部门、收运服务企业、属地镇街、村社（物业）、社会公众间数据壁垒，服务好乡镇生活垃圾智慧收运“最后一公里”。二是开展专项整治行动，破环境脏乱难题。针对农村垃圾成分复杂、量多分散、随意堆放且收运困难等瓶颈问题，采取“一村一策”方式指导镇街加大分类收运车辆投入，合理规划收集点位、收运线路，逐步将粗放式收运管理转变为数字化智治管理。在整治过程中，收运作业人员实时记录点位收运桶数，及时对环境卫生情况差、不符合收运标准的点位进行拍照取证，对多次违规拒不整改的拒绝收运，有效改善收集点位环境。三是强化收运督导检查，破源头分类难题。通过该体系，收运作业人员在收运时一旦发现垃圾分类质量不合格的情况，立即对该点位垃圾进行拍照、取证，上传至监管平台，完成后输入实际收运桶数，后台大数据与原合同规定收运桶数进行对比，自动生成该点位的垃圾分类曲线图，预判该点位垃圾分类质量，同步告知垃圾分类管理单位落实整治。以横溪镇为例，镇级智慧收运体系投用后，生活垃圾总量同比下降 7.8%，厨余垃圾分出率同比上升 2.1%。

图 5-39　鄞州区生活垃圾智慧收运数据中心

（3）强化赋能实战，收运场景“一键应用”提升精细监管

鄞州区智慧收运体系重点落实了对作业、车辆、人员的监管，有力推进整体工作开展。一是监管调度灵活有序。建立生活垃圾计量模块，实时采集各垃圾收运点每日垃圾收运信息，设定厨余垃圾分出率、垃圾实收总量等数据指标，绘制全区垃圾收运“一张图”，直观展示每日垃圾构成情况、变化趋势、点位差异等信息，自动生成各点位垃圾分类质效报告，联动调整源头减量指导，助力垃圾减量调控从镇街层面精确到垃圾收运点。截至 2024 年底，全区垃圾总量调控准确度超 95%。二是行业“清源”全面推进。为遏制环卫作业车辆私拉乱运和非生活垃圾混入等乱象，全面强化环卫行业中转站、车辆等源头管理（图 5–40）。通过结合智慧收运平台接入中转站地磅数据、视频监控、环境监控、车辆黑白名单监控等，对垃圾站内部及周边卫生环境进行全程监控，一旦发现问题，“一键追寻”相关责任人并落实整改。2024 年发现违规行为 253 起，其中落实整改 237 起、移交执法 16 起。三是人员考核多维科学。深化行业主管部门、收运服务企业、属地镇街、村社（物业）、社会公众等五方联动机制，出台智慧收运考核细则，从内部管理、力量配备、作业服务质量、社会评价和禁止行为五方面考评收运服务企业和环卫作业人员，形成多维考评制度，进一步调动环卫队伍工作积极性，提升精细管理水平。

图 5–40　鄞州区生活垃圾“公交化”收运车辆

5.8.3 特色亮点

（1）点位赋码实现物联感知

目前，全区每个站点“定时定点”收运时差不超过 10 min，生活垃圾总量减少 2.59%，厨余垃圾分出率提高 5 个百分点。

（2）条块协同提升分类质量

开辟镇街端智慧收运平台，通过实时共享辖区动态及行业数据，落实属地点位管理责任。全区共开设镇街端收运平台 22 个，实现城乡收运体系全覆盖。

（3）收运“全链条”监管

行业监管单位、收运单位、镇街、物业、居民五方联动，共建共治，互相监督。全区 24 家生活垃圾收运公司纳入监管体系，环卫相关投诉下降 50% 以上。

5.9 海宁市——秸尽所用 点“草”成金 小秸秆绘出新生活

5.9.1 基本情况

近年来，农作物秸秆过量还田，造成墒情变差、草虫害多发、农田退水污染，秸秆乱堆乱放甚至诱发农户私自焚烧秸秆行为，针对此类问题，海宁市研究出台了《海宁市高质量推进农作物秸秆综合利用实施意见》和《海宁市农作物秸秆离田收集实施操作细则》，探索构建秸秆“全域全量全链条”离田利用体系。通过“上下联动、助农共富”，破题“全域收集”“高标建设、配套管理”，破难“全量运贮”“畅通出路、打通堵点”，破局“全链条利用”，同时加强要素整合和投融资创新，打通制度堵点，探索形成了以秸秆收贮运三级网络体系为基础的“全域全量全链条”高值化离田利用体系。

5.9.2 主要做法和成效

（1）上下联动、助农共富，破题“全域收集”

按照“谁收集、谁收益”原则，由市、镇两级财政按 1∶1 比例，给予每亩 80 元收集补助，足量收集后财政资金支出每年约 2 500 万元，而秸秆利用企业满产后每年税收贡献可达 3 000 万元，实现“财政补助完全覆盖收集成本，税收增幅完全覆盖财政补助”的良性循环。压实“谁收租、谁管理”责任，明确村社网格管理职责，将秸秆禁烧纳入村规民约，与种粮大户签订《秸秆回收责任书》。组织联合社、有关农业公司等第三方开展离田收集工作。将秸秆综合利用项目打造为共富项目（图 5-40），村民共筹共富，每户认缴 0.6 万～2 万元股金，即可享受每年 8% 固定分红（图 5-41）。

图 5-41　秸秆综合利用等共富项目开工仪式

（2）高标建设、配套管理，破难“全量运贮”

统一构建收贮网络，形成了覆盖全市 145 个村、社的 145 个临时存贮点 +12 个区域收贮点 +3 个省级农作物秸秆收贮中心标准的中转场三级收贮网络。统一运输出库进企，由收集主体组建标准车队将秸秆运输至终端利用企业，吸引终端企业优先消纳本地秸秆。统一运维贮存接驳，明确秸秆入库标准，将消防安全作为第一管理要务，配备专人管理。数字化监控系统统一接入市中控平台，分享到生态环境、农业农村、应急管理等监管部门，确保安全无虞。

（3）畅通出路、打通堵点，破局“全链条利用”

通过市场化招商引资，布局秸秆终端利用“五化”项目。目前全市已布局 3 个终端利用项目。中部生物炭有机肥项目，总投资 1 500 万元。由海宁桐奥农业科技有限公司负责，通过在全域范围内部署前道处理点，年可消纳秸秆 1 万 t，生产高品质土壤调理及功能生物炭等 2 500 t，专用有机肥 4 000 t；西部现代园艺基质中心项目（图 5-42），总投资约 6 000 万元。由海宁市泰源投资有限公司实施，通过添加生物酶发酵秸秆，以秸秆发酵后替代进口高价泥炭，可生产土壤改良剂、花卉盆栽基质、泥炭等产品。秸秆利用量可占 50% 左右，年消纳秸秆约 3 万 t，年产值可达 1 亿元；北部生物质可降解材料项目，总投资 11 158 万元。由浙江爱境禾吉能源科技有限公司与中国科学院理化技术研究所团队合作，利用秸秆生产超细纤维粉，与降解基材共混，形成植物纤维的生物降解材料母料，年消纳秸秆约 3 万 t，年产值可达 2 亿元。

图 5-42　西部现代园艺基质中心项目

5.9.3　特色亮点

（1）打造“共同富裕”项目

秸秆有效利用年产值可达 3 亿元以上，农民专业合作社通过秸秆收集、出售，年销售额可达 1 500 万元以上。秸秆利用共富项目，为村民创收，已在长安、马桥、海昌 3 个镇街的 3 个村先行试点，对低收入农户还有公益企业先行垫资，目前已有 800 多户报名筹资 750 万元。

（2）创新融资模式组合

创新走出了“农业立项审批的一二三产融合发展用地新模式”，政府牵头银行、村、企三方探索秸秆综合利用项目融资模式突破。试行“集体土地入股不入市”模式，鼓励集体土地使用权作价入股，与社会资本合资成立秸秆综合利用企业，“房地合一”办理产权证，形成可抵押资产，为项目申报省级减污降碳标杆，指导参与碳汇交易，争取绿色金融和政策性贷款。

（3）实现财政资金良性循环

秸秆中转运输、终端处置企业满产后每年税收贡献将达3 000万元，秸秆足量收集后每年财政资金支出2 500万元左右，实现“财政补助完全覆盖收集成本，税收增幅完全覆盖财政补助”的良性循环。

5.10 奉化区——“海洋伙伴”环保舱助力实现减污降碳与共富渔村示范创新

5.10.1 基本情况

党的二十大报告指出，要统筹产业结构调整、污染治理、生态保护、应对气候变化，协同推进降碳、减污、扩绿、增长。实施减污降碳已成为我国新发展阶段促进经济社会全面绿色低碳转型、一体实现美丽中国与“双碳”目标的必然选择。

奉化区沿海有莼湖街道、裘村镇、松岙镇3个镇（街道），岸线长度共计65 km，浅海、滩涂面积7.97万亩，现有主要渔港3个，渔船码头25个，登记在册渔船963艘，渔业直接从业人员近万人。渔民的不良习惯以及海洋环保意识薄弱等原因，大量白色垃圾、养殖废弃的泡沫塑料等充斥在近海岸，严重影响象山港近海岸海域环境质量。

奉化区以“无废城市”建设为契机，打造“政企民”统筹模式，保障人才、技术等要素，创新推广“海洋伙伴”环保舱示范项目，融合数字创新技术与云智能综合平台，以降碳为重点战略方向、推动减污降碳协同增效，破解海洋渔业污染物处理难题，同时激发村民护滩自主性，实现全区岸滩、河流入海口和近海海洋垃圾治理工作常态化发展。

5.10.2 主要做法和成效

（1）构建O2O全生命周期协同减排

源头减污，惠渔共赢。“海洋伙伴”环保舱设有海洋废弃物智能回收柜，可收集废塑料、废金属和废机油等废弃物，提供线上回收咨询服务，实现自主投递和线上预约双回收模式（图 5-43）。配置智能资源回收中心，建立了废弃物“收集—贮存—转运—处置”全过程管理体系。2023 年 7 月至 2025 年 7 月累计回收海洋废弃塑料 1 747 t，废油若干。积分换购，生态循环。投递海洋垃圾可获得相应的“碳积分”，使用“碳积分”可兑换海洋废弃塑料循环再生的文创产品，或品尝浠嗨咖啡，构建海洋生态新循环。有效提高当地渔民与农民在碳达峰碳中和行动中的参与度、归属感、荣誉感。产业链齐，降碳共富。配置完整的下游产业链，设立全产业链垂直整合创新平台，通过产业化回收、分类、筛选、造粒、改性等程序，实现废弃塑料高值化利用，打造海洋环保生态示范区，推动生态旅游，助力实现“双碳”目标和“共同富裕”。目前已实现产品全产业链高质化利用和再加工投放市场，累计 O2O 流量突破 1 万人。

图 5-43 “海洋伙伴”环保舱

（2）推进全过程创新协同保障。数字赋能协同智治

创建“收集—运输—处置—再生—高值化”的全产业链数字化和可溯源的海洋全产业链回收创新生态，形成了浠嗨资源回收、商业模式创新和海洋伙伴慈善公益云智能污染治理综合创新生态系统（图 5-44）。科技创新协同降碳。负责“海洋伙伴”环保舱运营的是一家专注再生塑料回收及绿色低碳功能性循环材料改性研发与技术服务的高新技术企业，也是全球首家碳中和循环材料企业，荣获碳中和先锋奖、入选中欧

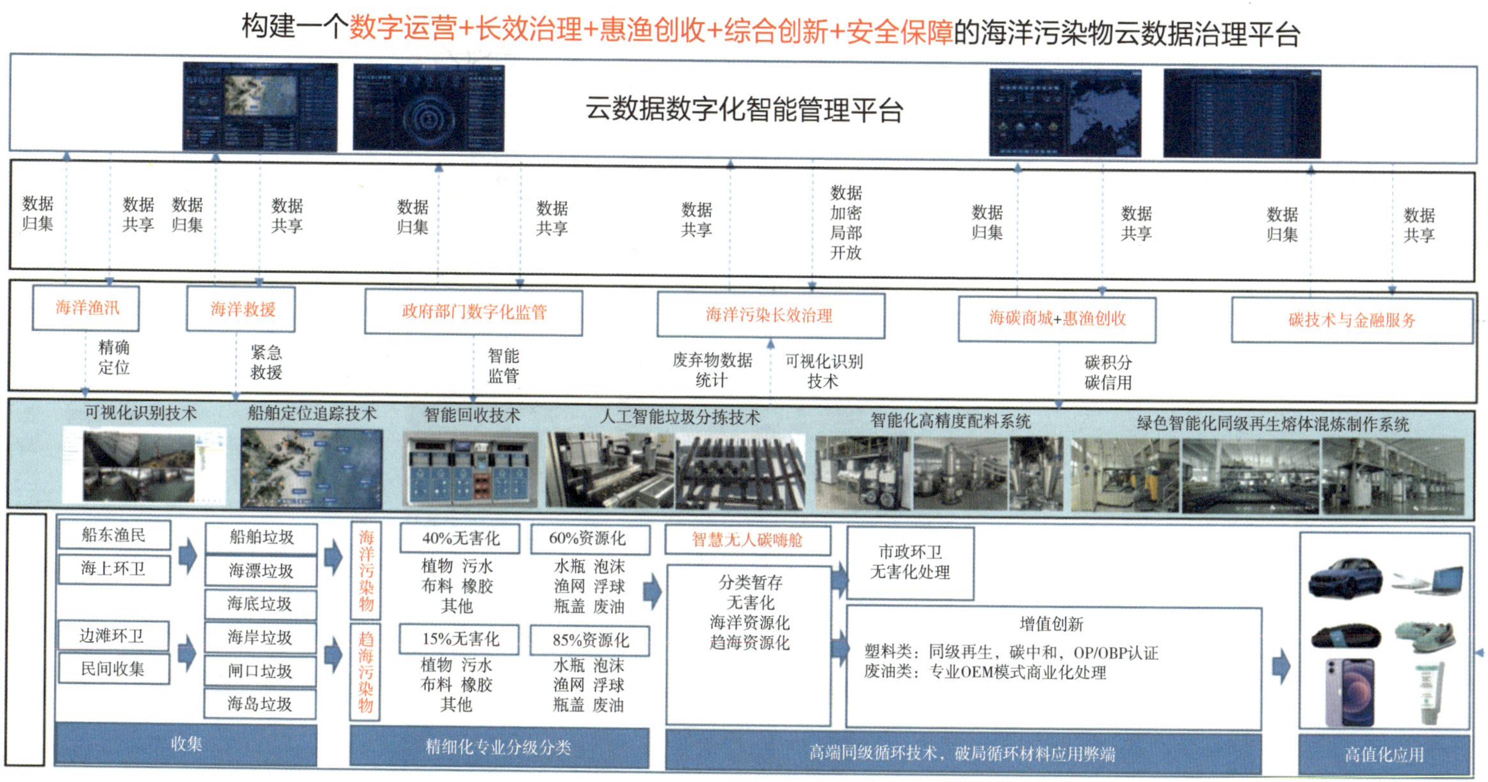

图 5-44　云数据数字化智能管理平台

碳中和创新合作示范项目和 GreenLens 年度绿案例，发布 3 项国家标准、1 个行业标准和 2 项团体标准。全过程协同溯碳。实现“产品可追溯”，对塑料和其最前端的原材料的真实性、合规性进行可追溯鉴别。未来产品都将拥有唯一全生命周期的数字碳护照，可在产业、商业与公益环保创新生态平台使用，推动构建零碳世界和无限循环创新生态。

（3）创建全生态机制协同富裕

构建环保公益安全机制。“海洋伙伴”环保舱设置紧急援助柜，免费提供近海范围内的紧急救援装备；设立报警求助点，提供一键式直连公安报警系统，为游客和周边居民提供 24 小时的突发报警求助和紧急避险场所。打造爱滩护滩行为机制。沿海镇（街道）委托专业公司，对三无渔船、海面滩涂垃圾、海滩地笼网等进行分类处理，并开展“海漂垃圾专项清理周”等活动。2019 年至今，投入 1 585 余万元，出动 11 394 人次，清理海滩垃圾 4 314.6 t。此外，组建“蓝海卫士”海洋环境保护志愿服务队，吸引当地渔民自发参与，至今人数已达 100 多人。截至 2025 年 2 月，已累计举行清海活动 126 次，清理生活垃圾约 3.4 t、渔船废物 200 余吨、海漂垃圾约 400 kg。建立助渔助困共富机制。“海洋伙伴”环保舱搭建海碳普惠金融服务平台，实现惠渔助渔机制慈善公益。同步打造渔业科技成果转化和产业化示范基地及生态旅游示范区，构建海产品线下交易平台，促进渔民增产增收。

5.10.3 特色亮点

（1）有效实现海洋废弃物的高质化再利用

通过废油和废塑料的回收及其他农副渔产品的高值化销售，综合惠渔惠农效益可以达到 150 万元 / 年，并覆盖 30% 左右的群体。项目执行期内产业链高值化销售收入 1 000 万元，新增利税 30 万元。一个区域对应的减碳量接近 5 000 t，减少海洋废油污染 30～100 m^3。

（2）促进低碳、环保的文旅消费模式

“海洋伙伴”环保舱的独特性和前瞻性受到社会的广泛关注，新华网、央广网、新浪网、中国新闻网、浙江新闻频道等进行报道和转载，并受邀参加 COP28 迪拜气候变化大会圆桌会议论坛。通过 O2O 营销引流，线下人流量累计 1 万人、线上访问流量 10 万人，创新低碳、环保的新型文旅消费模式。

（3）有效解决海洋垃圾的治理问题

对于那些严重依赖海洋资源的地区而言，它的成功将意味着保护当地经济和人民生活的可持续性。除了带动当地渔业资源的恢复与增长、提升海洋生物多样性，保护区建设，还能促进渔业可持续发展，使渔民获利，为治理海洋垃圾提供新思路。

5.11 嵊泗县——以养殖浮球整治“小切口” 助力海洋产业共富“大民生”

5.11.1 基本情况

嵊泗素有“贻贝之乡”之称，蔚蓝壮阔的海面上，一排排新型环保材料制成的养殖浮球将“蓝海牧场”点缀得更加绚丽。以前，养殖贻贝大多使用白色泡沫浮球，这种材料回收利用率和利用价值极低又易破碎，被风浪击碎后会形成“白色污染”，严重影响海洋生态环境。2020 年以来，嵊泗县着手推进海水养殖泡沫浮球整治工作，积极研发自然损坏率更低、使用周期更长、回收利用价值和可回收率更高的新型浮球，辅以“全面清、规范养、依规管”的组合拳，到 2023 年“蓝海牧场”249.5 万只浮球全部“换上新装”，以年自然淘汰比例 10% 计算，每年可直接减少 210 t、17 000 m^3 的废弃白色泡沫产生，实现了海水养殖废弃物源头减量、养殖户减投增收、养殖海域整洁有序、研发推广企业增产获益的多赢格局，探索出一条产业兴、生态美、百姓富的海岛县高质量发展建设共同富裕特色之路，进一步打造嵊泗生态资源养护样板区。

5.11.2 主要做法和成效

（1）统筹联动、因地施策，以“高站位”抓整治落实

健全组织领导，强化项目攻坚。针对传统泡沫浮球整治数量大、牵涉广、要求高的实际，组建工作领导小组，县主要领导深入重点乡镇调研 20 余次，专题听取工作推进情况 10 余次，将整治工程作为政府重点项目实施，列入“小岛你好”海岛共富行动首批项目清单，推动 13 个责任部门各司其职、全县上下齐抓共管（图 5-45）。制定专项方案，推进有序整治。针对传统泡沫浮球整治工作无制度可循、无案例可鉴的实际，制定实施《海水养殖泡沫浮球整治工作方案》《嵊泗县海水养殖泡沫浮球整治工作补充意见》，按照排查摸底、发动准备、逐步淘汰、消项收尾、提升巩固 5 个阶段循

序推进，完成备案并长期生产的新型浮球企业达到6家，日生产能力达到7 000余只。出台奖补政策，动员全民参与。出台《泡沫浮球替换工作奖惩办法》，精准制定“标准纾困”“生态养殖”等10余项优惠政策，给予4元/只的人工经费补助，养殖户浮球替换贷款利率从4%降至3.6%，累计投入政府补贴3 642万元。同时，党员养殖户带头替换，“东海渔嫂”“海陆网格”等联合宣传宣讲，推动群众普遍参与。

图5-45 嵊泗县召开养殖泡沫浮球综合管控工作部署会

（2）协同创新、多元发力，以“严基调”抓全链管理

源头阻断，严格管控防反弹。切实阻断传统泡沫浮球运输渠道及生产源头，抓住4—9月养殖户替换浮球的高峰期，派驻力量对港口、码头等重点区域进行蹲点监管，杜绝传统泡沫浮球下海使用并进行海上清零。累计组织100余名基层干部开展专项整治42次，共阻止白色泡沫浮球下海31次。联动执法，海陆链接优治理。深化“大综合一体化”改革，构建马鞍列岛“一支队伍管执法”模式，联动海渔、交通、海事等部门，与交通船、商渔船、运输车签订拒运泡沫浮球承诺书，采取“人防+物防+技防”手段，突出严格执法，一经查处一律停扣养殖船并取消当年养殖资格，累计立案22起、行政移送6人。数字赋能，智慧平台提能级。开发应用数字化智慧养殖平台（图5-46），建设集养殖管理、加工管理、流通管理等多板块为一体的智慧驾驶舱，对全县769户养殖户、885艘养殖渔船、2 796块养殖桁地全面实行数字化管理，实现养殖全链条数据治理。

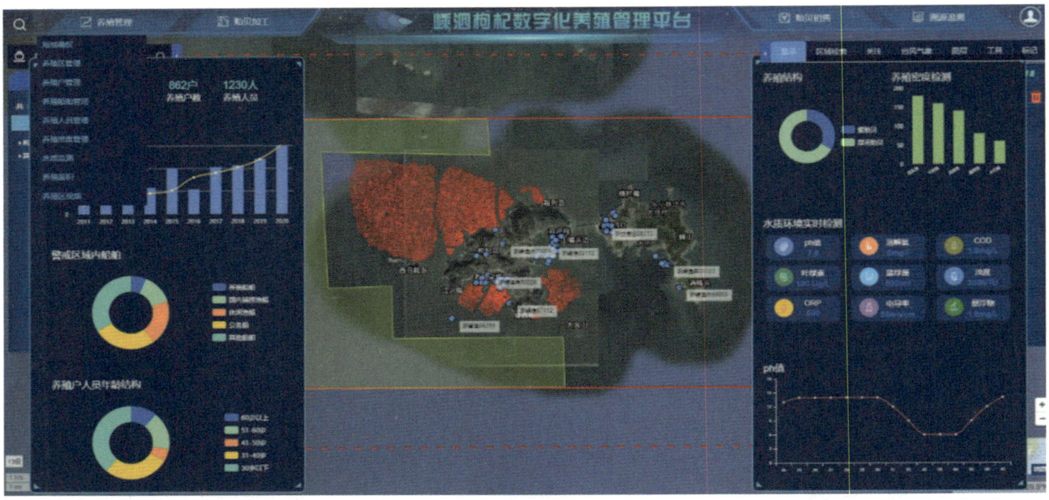

图 5-46　嵊泗枸杞数字化养殖管理平台

（3）举一反三、放大效应，以“长眼光”抓品质提升

“生态首位”理念赋能环境优质化。凸显“生态首位”理念，逐步修复养殖行为对生态环境的影响，实施海岸带生态修复、海洋牧场建设、入海排污口监测整治等工程，开展“海盾”“碧海”“护岛”专项执法行动，实施增殖放流，投放人工鱼礁，成功跻身全国“绿水青山就是金山银山”发展百强县第三名。“海上环卫”机制推动治理多元化。针对养殖泡沫浮球等渔用物资形成的近岸海域垃圾，探索实践“海上环卫”机制，划定湾滩 36 个，配备保洁船、垃圾清运船 9 艘，组建湾滩巡察整改、海漂垃圾打捞、垃圾清运处置等队伍 3 支，总人数达 195 人，巡查频率每月不少于 1 次，累计清理处置海漂垃圾近 3 000 m^3。“三权分置”改革带动生态产业化。实施养殖海域“三权分置”，5 000 亩养殖用海完成确权。发展碳汇渔业，养殖牧场年产厚壳贻贝 15 万 t，核算贻贝养殖固碳量达 11 900 多吨，2023 年 7 月率先在全市试点开展固碳量意向性交易。“变废为宝”途径实现贻贝壳资源化。积极探索贻贝壳综合利用技术，研发土壤改良剂、饲料添加剂、微纳米果蔬净等生物制品，仅饲料添加剂一项就可每年消纳贻贝壳 6 000 余吨，以往被倾倒的废贝壳蝶变为“金疙瘩”。

5.11.3　特色亮点

（1）坚持生态赋能，为全省海洋经济发展提供了嵊泗案例

嵊泗县分步骤打好“全面清、规范养、依规管”的泡沫浮球整治组合拳，实现海

清水净的海上田园风光整治目标，推动美丽海岛更宜居、更富裕，走出了一条生态引领、依法用海、多方共赢的海水养殖民生共富产业之路。

（2）推行生态治理，为全省海洋综合整治提供了嵊泗示范

嵊泗依托海陆连接、数字管理、综合执法等手段，强化了全链条管理，并进一步探索实践、创新推行“海上环卫”机制，治理更系统、更科学，形成了可复制、可推广的海洋治理亮点和特色品牌。

（3）守护生态底色，为全省海洋生态保护提供了嵊泗样本

始终突出生态推动发展的首位度，把海洋生态文明建设纳入海洋开发总布局之中，把绿水青山就是金山银山理念深植于发展全过程，以“碧海蓝天”焕活了“金山银山”。

5.12 嘉兴市——打造环保品牌　探索“无废”之路

5.12.1 基本情况

近年来，嘉兴市作为全国废旧物资循环利用体系建设重点城市，立足全域“无废城市”建设要求，聚焦再生资源回收准入门槛低、难以全品类回收、污染防治措施不到位、回收行为难以集中监测和统一管理等问题，通过“嘉家收”品牌示范引领和实体化运作，探索打造可复制、可推广的再生资源回收利用“嘉兴模式”。按照市本级废旧商品回收体系建设网络整体布局规划，以“6+23”分拣中心和回收网点建设为核心，向产业上下游延伸拓展，加快推进“两网融合”，搭建线上预约回收平台，推进可回收物“定时定点 + 自助回收 + 预约上门”三大应用场景建设，提升回收效率，优化回收体验。坚持“堵疏结合、依法取缔、科学管理、高效长效”原则，开展再生资源回收行业整治，推动再生资源回收体系向标准化、数字化、规范化、产业化、绿色化发展。

5.12.2 主要做法和成效

（1）规划先行，“三化”构建再生资源回收体系

系统化布局多层级回收网络。印发《嘉兴市本级再生资源回收体系建设三年行动方案（2023—2025 年）》等文件，在已建成南湖、秀洲、经开 3 个分拣集散中心的

基础上，以 2 km 为半径在市本级范围系统谋划 6 个镇级分拣中心和 23 个回收网点，结合各乡镇（街道）实际可逐步新增 N 个点位。“6+23”点位目前均完成选址，共 20 个点位已投入使用，再生资源回收由原先相隔 20 多 km，拉近到如今的 15 分钟城乡覆盖圈（图 5-47）。标准化建设示范化回收点位。利用存量厂房、停用的环卫中转站等场地，在全区打造 6 个“嘉家收”回收示范网点，以示范化引领网点焕新颜。按照“用地集约化、生产清洁化”标准，推动分拣集散中心机械化、智能化提升，实现回收利用更高效，2023 年，累计回收各类再生资源 32.99 万 t，同比增长 28%，可减少碳排放约 77.6 万 t。智能化构建便民式回收系统。上线“嘉家收”预约回收小程序，在线预约可享免费上门、有偿回收，打通再生资源回收“最后一公里”，2023 年 3 月上线以来注册用户已达 13 万，上门回收 5 700 余次。同时，利用“6+23”点位片区包干上门回收优势，网点经营户可借“嘉家收”与用户直接建立联系，系统规划回收路径，降低物流成本。

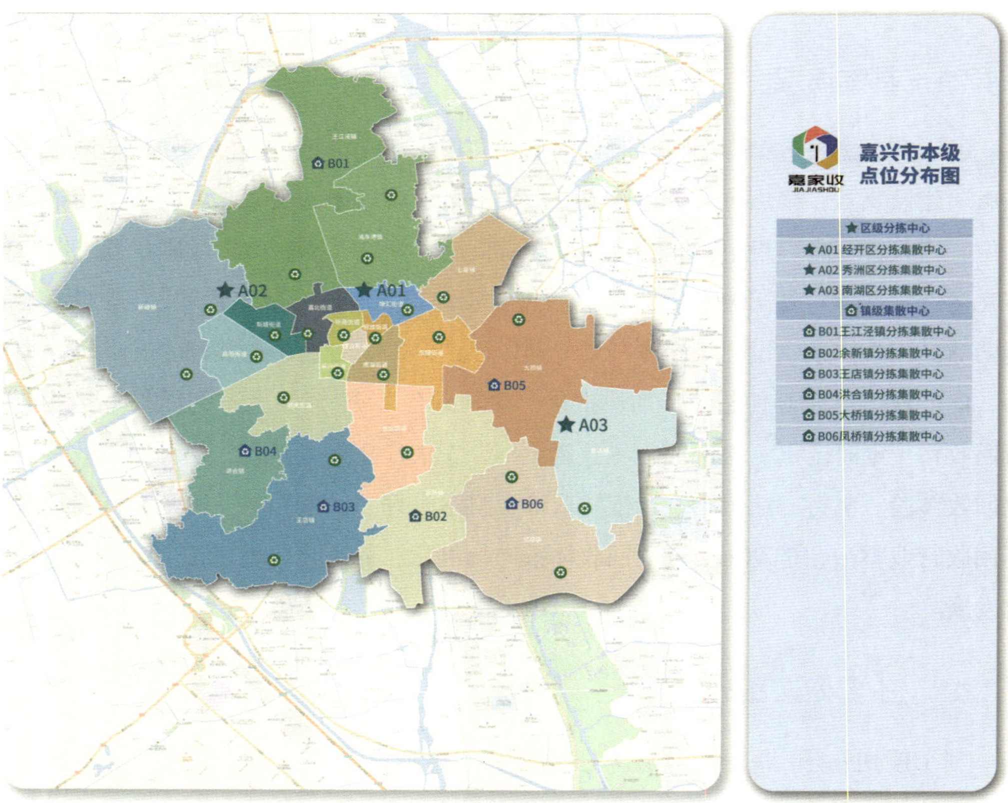

图 5-47　嘉兴市本级“嘉家收”回收体系网络分布

（2）创新引领，“三扩”提升再生资源回收参与

强化兜底扩面，扩大回收范围。对低价值可回收物实行兜底回收，可回收物目录覆盖 26 类，实现全品类应收尽收。摸索企业端定向回收模式，向物业单位、商超、工厂车间等进军，截至 2024 年底，已建立企业端回收战略合作模式 230 家。针对校园场景打造“嘉家收”智能回收箱，开发可乐瓶投放模式，在北京理工大学长三角研究院布设近一个月以来，注册用户 700 余人，日均投放 50 余次。强化源头激励，扩大群众参与。制定《嘉兴市可回收物积分兑换管理办法》，回收网点、上门回收等途径的可回收物回收利用情况均纳入垃圾分类信息化监管平台，用户可使用嘉兴垃圾分类积分卡一键兑换积分或提现，还支持微信、支付宝、银行卡、现金等多种结算方式，实现多群体多元化使用回收所得。强化公众宣传，扩大知晓范围。与 400 多个小区搭建合作桥梁，宣传“嘉家收”线上线下回收模式。在南湖分拣中心、农翔路示范回收网点等设立再生资源宣教中心，网点内部同步开设茶歇、缝补等便民服务点，助力提升市民参与度。

（3）数字赋能，“三管”强化回收过程规范运作

优化行业监管。鼓励通过自营、参股、租赁入驻等方式，将个体回收者变成产业工人，经培训后持证上岗，按照“七统一”标准规范管理，实现规模化、品牌化经营的同时，解决市场需求和人员就业问题。强化执法监管。开展废旧物资回收体系建设专项整治，实现回收点排摸全覆盖，明确整治措施清单和验收标准，初步制定行业环境执法工作要求，推动解决回收行业环境污染、无序发展等问题。深化数字监管。创新“互联网＋回收”新模式，搭建“嘉家收循环在线”系统（图 5-48），实时掌握各维度收购量、收购金额和市场交易等数据分析情况，监管网点运营状态，实现再生资源回收、分拣、仓储、销售全过程管理、链条式追溯，为行业管理、转型升级提供决策依据。

5.12.3 特色亮点

（1）推动助力共同富裕

“嘉家收”规范管理流动回收人员 6 000 余人、整编零散从业人员近 500 人，提高就业率的同时大幅缩短产业人才培育期限，提质增效区域发展。2020—2024 年“嘉家收”每年实现交易产值 5 亿元。2023 年，“嘉家收”平台可回收物积分兑换参与家庭 31.48 万户，积分金额累计约 5 974 万元。

图 5-48 “嘉家收循环在线”系统

（2）便民指数不断提升

“嘉家收”兜底回收低价值可回收物，结合预约回收小程序，网点 2 km 内还可提供免费上门、有偿回收服务。同时，网点提供茶歇、缝补等便民服务，成为居民想来、爱来、盼来的驿站。目前南湖街道农翔路站和城南街道市场路站已成为新晋网红打卡点。

（3）实践探索广泛推广

“嘉家收”吸引全国多地代表团现场考察，亮相 2023 再生资源行业企业家大会，在全市“绿水青山就是金山银山”实践创新基地建设擂台赛获评一等奖，相关做法获中央电视总台、《中国环境报》、浙江在线等媒体点赞。再生资源行业整治方案在全省再生资源行业整治揭榜挂帅中成功揭榜。

5.13 义乌市——以“两网融合”打造再生资源回收利用体系

5.13.1 基本情况

可回收物管理作为“无废城市”建设的重要组成部分，是实现生活垃圾减量化、资源化、无害化的重要抓手。然而，由于再生资源回收行业管理水平低，回收企业低小散（低水平、小规模、散乱），低价值再生资源无人收等问题，再生资源回收利用遇到瓶颈，不能真正实现可回收物应收尽收。

为全面推动垃圾分类治理提质增效，助力“无废城市”创建，由义乌市“无废办”牵头，生态环境分局、综合行政执法局、商务局联合推动，推行再生资源回收镇街属地化管理，充分发挥环境集团（2025 年 5 月更名为义乌市资源循环利用有限公司）国有企业主力军作用，打造“1+X”（1 个综合中心、X 个标准化网点）的再生资源回收体系，实现运维管理规范化，资源利用高质化。

5.13.2　主要做法和成效

2019 年 7 月，义乌市实行环卫体制改革，成立环境集团，以清扫保洁、清洁运输、固体废物处置、再生资源、环境服务全链条科技创新的“4+N”业务板块为发展方向，是浙中地区首家专业从事环境综合服务的国有企业。

2020 年 6 月，义乌市资源循环利用有限公司成立全资子公司义乌市环境资源分拣利用有限公司，打造“1+X”的再生资源回收体系，以廿三里街道为例，建成投运 1 个综合中心，X 个标准化网点，占地 21 亩，建筑面积 2 万 m^2，投入资金 5 000 万元。

（1）基本构架

1 个综合中心下设再生资源分拣中心、工业垃圾分拣中心、无废城市科普教育基地。

再生资源分拣中心含废纸回收区域、废铁回收区域以及有色金属回收区域。

工业垃圾分拣中心落实“五全制”，实现工业垃圾统收统管，相关做法获得时任省委书记批示肯定。

办公区域打造“无废城市科普教育基地”，获评义乌市首批科普示范单位称号。

“X”个标准网点包含环卫保洁、“小货郎”可回收物便民回收站、清洁运输等。

“小货郎”可回收物便民回收站 47 个，依托义乌市资源循环利用有限公司为廿三里街道提供的环卫保洁、分类清运等服务优势，深化“两网融合”运营模式，形成独具特色的再生资源回收利用体系（图 5-49）。

（2）主要做法

一是打造品牌，创新公交化回收“新模式”。打造“小货郎”再生资源回收品牌，为全市提供再生资源、大件垃圾、工业垃圾等回收和处置服务。以“六统一、一规范”为标准，1 个网点辐射 2 000 户村民，建成投运“小货郎”可回收物便民回收站

47 个，借鉴了公共交通的运作理念，在农村地区设立固定回收站牌，投入少，见效快，车辆公交化上门回收，这种方式降低了投资成本，避免了传统回收点可能面临的亏损风险，经过优化，一个人、一台车可以服务一个乡镇。

二是线上预约，推行上门回收“新服务”。以便民服务为导向，依托小货郎互联网 + 再生资源回收平台，实行再生资源线上预约上门回收模式。2023 年以来累计上门服务 964 余次，回收再生资源 401.7 t（图 5-50）。

图 5-49　义乌市再生资源分拣中心（廿三里项目）

图 5-50　回收环卫工人垃圾分拣的可回收物

开发工业垃圾数字化管理系统，企业主可自主送达或预约上门回收，截至2024年12月已覆盖义乌市1万余家企业，日均消纳工业垃圾600余吨，日均减少碳排放量570余吨。

三是服务靠前，发挥环卫再生“两网融合”“新优势”。通过环卫工人的积极参与，实现前端源头的分类收集，确保了垃圾在产生之初就被正确处理，大大提高了分类效率。小货郎主动靠前环卫工人，回收他们垃圾分类的成果，有效解决环卫工人可回收物堆积存在的安全隐患，让他们在维护城市清洁的同时，也成为促进再生资源回收的主力军，真正实现“环卫网＋再生资源网”的深度融合。2023年以来累计环卫工人走近开展回收服务215次，回收再生资源109.1 t。

（3）主要成效

一是经济效益方面。义乌市资源循环利用有限公司打造的再生资源运营体系，通过高价值再生资源回收收益，兜底保障低价值可回收物应收尽收，实现了运维管理规范化、群众投放便民化、数据管理数字化，2024年公司业务收入5 910万元。

目前，已在义乌市范围内全面推广，实现环卫网、工业垃圾网、再生资源网深度融合。

二是社会效益方面。“无废城市科普教育基地”会同生态环境、教育等部门，常态化开展无废城市、垃圾分类、生态环保宣教实践活动，累计接待参观考察活动2 400人次。同时，发挥“小货郎”可回收物便民回收站宣传阵地作用，2023年以来宣传覆盖群众18.3万人次，服务市民约7.5万人次，在“学习强国”、新华网、浙江新闻等媒体进行了报道。

基于此，获评为“浙江省有实力的再生资源企业”、义乌市“四大双千”优秀案例等。

三是生态效益方面。义乌市资源循环利用有限公司始终践行绿水青山就是金山银山理念，提升了农村生活垃圾分类管理水平，提高了村民的回收环保意识，营造了干净、整洁、有序的农村人居环境，以“两网融合”打造再生资源回收利用体系，对实现可回收物再利用具有重大意义。

5.13.3 特色亮点

（1）创新提出“三网融合”概念

依托再生资源分拣中心全品类回收体系的优势，充分整合利用现有环卫管理体系中的人员、车辆、场地、装备等资源，将再生资源回收网、工业垃圾运营网和环卫网三网深度融合经营。

（2）主动发挥垃圾分类国企主力军作用

通过无废城市科普教育基地以及“小货郎”可回收物便民回收站，发挥宣传阵地作用，使教育基地和回收网点成为垃圾分类宣教的重要窗口，实现宣传引导零距离，让“无废城市”理念深入人心，在义乌大地生根发芽。

5.14 钱塘区——坚持绿色发展理念 推进“无废校园”建设

5.14.1 基本情况

杭州电子科技大学创办于 1956 年，是浙江省人民政府与国防科工局共建高校、浙江省高水平大学建设高校、全国百强高校。学校贯彻习近平生态文明思想，落实杭州亚运会“绿色、智能、节俭、文明”的办赛理念与“无废”的管理思路，发挥高校在无废校园、绿色校园、垃圾分类工作中的示范引领作用。深入践行“无废”理念，进一步推动无废场馆建设迈向无废校园建设工作，助力实现“双碳”目标。

5.14.2 经验做法和成效

（1）打造“无废”场馆

一是原场馆设施、设备、物资能用尽用。场馆内 5 000 多个使用了 15 年的座椅经拆卸、维护、翻新继续为杭州亚运会、亚残运会服务。电子大屏、空调、地板、门窗等全部在校内其他场馆、设施内继续使用（图 5-51）。二是加强“无废”理念、垃圾分类宣传、指导。赛前积极营造“无废亚运”、垃圾分类宣传氛围，在场馆全部区域张贴“无废亚运”、垃圾分类宣传提示，在测试赛、亚运会比赛的观众入口、工作人员入口做好“无废亚运”、垃圾分类宣传提醒，安排志愿者以及语音开展观众提醒。在场馆综合餐饮区开展垃圾分类提醒工作。联合观众领域志愿者开展观众座席区垃圾分类提醒。三是减少一次性用品的使用。场馆杜绝一次性杯子，工作人员就餐区杜绝使用一次性餐盒，赛时每天 PVCGS 等 1 200 余名保障人员及媒体记者就餐均使用可回收重复利用餐盒。每天减少一次性餐盒使用 3 600 余个。场馆内规范开展垃圾分类，做到分类投放，分类转运。

图 5-51　杭州电子科技大学“无废亚运”场馆

（2）垃圾分类杭电模式探索

一是领导重视、校地合力。学校领导十分重视垃圾分类工作，多次召开垃圾分类推进会，出台生活垃圾分类实施办法明确校内各学院（部门）在垃圾分类工作中的分工和职责。学校驻地钱塘区城管局、分类办从落实垃圾分类基础设施、经费投入、现场指导等方面全链条支撑校园垃圾分类工作。升级建设智能垃圾分类收集设备。智能垃圾设备实现定时定点投放，追踪学生垃圾乱投现象的需求点进行定制。二是创新宣传教育方式。学校自 2022 年起将垃圾分类与无废高校知识纳入新生始业教育和新教师入职培训。全方位开展垃圾分类宣传，将垃圾分类课程引进课堂和劳动课。利用“垃圾分类・绿色生活”主题活动、公寓文化节、环境文化节、后勤文化节开展垃圾分类主题宣传活动。垃圾分类知识普及由线下到线上开展立体多维度宣传。并创建了学校首套“垃圾分类”知识问答题库。组建多支学生志愿服务队伍助力垃圾分类。成立绿语杭电垃圾分类宣讲团、绿色校园监督员队伍、青柠志愿服务队开展不同层次的分类巡查、宣讲、监督等工作。开展垃圾分类主题暑期社会实践。完成“垃圾分类宣讲进寝室”全覆盖。

（3）无废理念促进校园固废减量

学校高度重视无废校园建设，系统开展制止餐饮浪费行动、生活垃圾分类现场交流会、“光盘行动”、垃圾分类达人进高校、光瓶行动等专项活动，学校相关业务部门齐抓共管共同推动无废工作，联合浙江省发展改革委开展浙江省外卖塑料垃圾“零废弃”试点，探索外卖塑料废弃物减量循环典型模式（图 5-52）。校内学者利用科研助力探索“无废”领域。学校开展无废高校创建、实施定时定点、分类投放工作以来学校垃圾减量同比达30%。

图5-52　浙江省外卖减塑联盟正式成立

（4）工作成效显著

学校先后被评为杭州亚运会、亚残运会“勤俭节约奖”、区垃圾分类先进高校、杭州市十大低碳应用场景、全省首批“无废亚运细胞”示范点、全省百优“无废城市细胞”、浙江省首批绿色学校、浙江省生活垃圾分类工作突出集体；学校无废工作案例先后在浙江省高校物业管理发展论坛、中国校园物业管理高质量发展论坛做交流报告。省教育厅、省机关事务管理局、省分类办、省生态环境厅、浙江大学、中山大学、山东理工大学等部门、高校领导、专家等多次来杭州电子科技大学调研“无废校园”工作。相关工作先后被《人民日报》、新华社、中央电视总台、浙江卫视、《浙江日报》、《光明日报》等媒体报道，发挥了对全社会、各行业的辐射带动效应。

5.14.3　特色亮点

（1）建设“无废亚运”场馆示范点

杭州电子科技大学从场馆建设改造到运营，从师生教育到学校管理，融入了绿色、低碳生态理念，加强宣传教育、坚持勤俭节约、减少固废源头产生、开展垃圾分类工作，形成了一套无废运动场馆建设的策略和实践。

（2）创建了高校垃圾分类宣讲的杭电模式

联合钱塘区综合行政执法局、学生公寓、绿语杭电、文小二工作室、楼层长组成的“垃圾分类宣讲进寝室”活动的近100人参加，宣讲垃圾分类知识，实现下沙生活区5 215个寝室全覆盖，并将无废高校建设、垃圾分类工作纳入新生始业教育。

（3）开展了外卖塑料零废弃试点工作

杭州电子科技大学在省发展改革委和教育厅的统一指导下，围绕打造“无废”高校，联合外卖平台和再生资源回收处置企业，积极推进外卖塑料垃圾“零废弃”试点工作，探索外卖塑料废弃物减量循环典型模式。从全员宣传、信用承诺、志愿引导、投放设施等方面形成了外卖塑料零废弃的新模式，并取得了减塑降废的良好成效。

5.15 余姚市——“无废文化”绿色筑底　星星之火启迪未来

5.15.1 基本情况

“无废城市细胞”是践行“无废城市”建设理念，促进形成资源节约、环境友好生产方式和简约适度、绿色低碳生活方式的重要载体。“无废学校”在培育“无废文化”及推动“无废城市”构建中发挥着关键作用。余姚市东风小学教育集团以全域“无废城市”创建为契机，充分利用学校30余年的节能环保教育积淀，高标准推进“无废学校”建设工作。将“无废文化”理念融入日常教学，着重培养学生的生态道德观念、“无废文化”理念，以及绿色行为习惯，推动形成简约适度、绿色低碳、文明健康的生活与学习方式。依托节能环保和无废教育的基本理念，学校逐步探索并建立了一套融合课内外、校内外资源的立体化“无废教育模式”。通过早期“无废教育”，在学生心中播下绿色可持续发展的种子，在六年的小学教育过程中厚植节能环保的理念，将“无废文化”融入日常生活，进而影响整个社会，实现“无废教育”的真正闭环，并为无废文化教育的广泛推广树立了典范。

5.15.2 主要做法和成效

（1）营造校园文化氛围，“无废”理念深入人心

学校通过建设无废低碳生活长廊、电视专题节目、无废低碳专题校报，让学生在日常生活中时刻感受到环保的重要性；校内设立共享超市，通过旧物共享、有借有还等形

式，让绿色循环在校园里蔚然成风。此外，学校积极组织开展各类活动，普及“无废”知识，让“无废”理念深入人心。通过争做低碳“啄木鸟”活动，让每一位少先队员了解周围的人们是否关注并实践无废、低碳生活；通过无废、低碳主题班队活动、宣传窗、黑板报、电视台、广播室、网站普及无废、低碳知识；通过关灯节电、绿色出行、用双面纸、少买文具等常规活动来倡导践行低碳生活；通过制作手工作品，让学生们切实感受“变废为宝”的魅力。鼓励学生参与环保实践活动，如垃圾分类、节能减排、绿化校园等，培育学生“无废知识我先知、无废生活我先行”的前瞻意识（图 5-53）。

图 5-53 “绿韵东风”无废展厅

（2）融入学校日常教育，“无废行动”人人参与

学校开设节能环保课程，参与编制出版环保教材，对学生进行系统性节能环保知识教育。通过“一个节能管理员、一只变废为宝箱、一项易拉罐爱心工程”督促孩子培养无废、低碳环保习惯。每班设节能管理员，负责“人离灯熄、节约用纸”等活动，提升节能环保意识。每个教室设变废为宝箱，回收废品，所得款项由班级节能委员管理，变废为宝的理念，无废、环保的意识在不知不觉中走进了孩子的心中。“一项易拉罐爱心工程”即学校每年开学初号召同学们把收集的易拉罐、塑料瓶等卖掉后捐入红领巾爱心基金，截至 2024 年 6 月，基金累计捐款达 30 余万元，爱心基金将用于帮助本校特困生、结对学校、民工子弟学校和受灾学校以及慈善捐款。这项集无废教育、节约教育、资源教育、敬老教育、爱心教育等于一体的工程一直受到社会好评。

（3）鼓励家庭共同行动，“无废文化”社会共建

学校以学生为中心，以家庭为阵地，把教育融入学生日常生活。组织开展系列主题宣传活动（图 5-54），号召学生举行“家庭低碳生活总动员”，向家庭成员宣传节能减碳绿色无废知识。学生将“无废生活”带到社区、街道，以雏鹰假日小队的形式走进社区，向社区居民分发《节能环保活动倡议书》、无废低碳小贴士等。宣传队还为社区居民作小品、相声、歌曲等无废文艺演出，不少学生都成为社区的“低碳环保小天使”，一张张宣传照还在《余姚日报》《宁波晚报》等报刊上刊登，受到了居民们的一致好评。

图 5-54　收集易拉罐爱心工程

5.15.3　特色亮点

（1）高标准打造“无废学校”细胞建设

学校先后荣获地球奖、中国可持续发展教育示范校、全国绿色学校、全国生态文明教育特色学校、中华宝钢环境奖、全国生态文明教育百强校、全国环境教育示范学校等一系列国家级荣誉。在现有成果的基础上，以满腔的热忱深入开展无废教育活动，努力开辟适合学生的有效教育途径，开创素质教育的新局面，进一步助力全域“无废城市”建设向更高的质量、更深的层次、更丰富的内涵发展。

（2）高水平钻研“无废文化”理念教育

学校课题组先后完成“以节能与环保校本课程为突破口，促进学生主动发展”等20余个环保相关课题，曾获首届中国教育学会奖二等奖、浙江省人民政府基础教育成果一等奖、宁波市人民政府基础教育成果一等奖等多项殊荣。教师近年在国家和省市一级发表、获奖、交流的相关低碳节能论文30余篇。特色教育专著《关注地球呼唤绿色》由北京教育出版社出版。另外编写了4套节能环保教材、《活动设计》、《教学用书》等多种课程资料，承担编写了余姚市地方课程《环境教育》，为系统化培育学生养成无废理念提供坚实的技术支撑。

（3）高质量落实“无废教育”典型示范

学校与省内其他学校积极开展“无废学校”结对交流，无废节能教育成果一再得到部级、省级、市级领导以及教育部门的肯定与重视，引领的“无废教育”模式典型做法获国家无废城市建设试点专家委员会主任杜祥琬院士的肯定赞赏，为持续深入推进浙江省全域“无废城市”建设贡献余姚力量。“无废”系列活动的开展，通过学生影响和教育家长及周边人群，对社会进行“无废”辐射教育，从而扩大了社会影响面。进一步推进“无废”教育，不仅要让“无废”教育遍地开花，还要把“无废”理念根植于每个人心中。